Neil de Grasse Tyson
Merlins Reise durch das Universum

SERIE PIPER

Zu diesem Buch

Kennen Sie das? Da steht man in einer knackig kalten, klaren Winternacht oder an einem Sommerabend unter dem funkelnden Sternenhimmel und schaut und staunt – und da fallen einem tausend Fragen ein zu Erde, Mond, Sonne und Sternen. All diese Fragen sind dem weisen Herrn Merlin zu Ohren gekommen, dem Außerirdischen, der vor beinahe 5 Milliarden Jahren auf dem Planeten Omniscia im Andromeda-Nebel geboren wurde und der alles über den Kosmos weiß. Und wie alle wirklich Weisen gibt Merlin klare, anschauliche und freundlich gewitzte Antworten. Neil de Grasse Tyson, Astrophysiker und Erfinder des klugen Merlin, hat ihm all unsere Fragen zum Universum geschickt – Fragen nach der Erde, dem Mond, den Planeten, Kometen und Meteoren, nach der Sonne, der Gravitation, den Sternen und Galaxien, nach Zeit und Raum, nach Schwarzen Löchern, Quasaren, dem irdischen und dem außerirdischen Leben.

Neil de Grasse Tyson, geboren 1958 in New York, Physiker und Astrophysiker, forscht und lehrt an der Princeton University und ist Direktor des Hayden Planetariums in New York, das eines der größten Planetarien in den USA ist. Außerdem ist er wie Stephen Jay Gould Kolumnist in der naturwissenschaftlichen Zeitschrift »Natural History«. Auf deutsch ist von Neil de Grasse Tyson außerdem erschienen »Merlins Reise zur Erde« (1999).

Neil de Grasse Tyson

Merlins Reise durch das Universum

Alles über Kometen, Planeten, Quasare, blaue Monde und Werwölfe

Aus dem Amerikanischen von
Anni Pott

Piper München Zürich

Ungekürzte Taschenbuchausgabe
Juni 1999

Titel der amerikanischen Originalausgabe:
»Merlin's Tour of the Universe«, Doubleday, New York 1997

Umschlag: Büro Hamburg, Andreas Rüthemann
Umschlagabbildung: Masterfile/Bavaria
Foto Umschlagrückseite: Bruce Cains
Gesamtherstellung: Clausen & Bosse, Leck
Printed in Germany ISBN 3-492-22820-8

Für alle Menschen,
die in diesem Buch Fragen finden,
die sie selbst beschäftigen.

Inhalt

Vorwort

In diesem Buch, *Merlins Reise durch das Universum*, wurden Fragen gesammelt, die Leser der amerikanischen Zeitschrift *Star Date* gestellt haben und die von Merlin beantwortet werden – einem Besucher von der Andromeda-Galaxie, der so alt wie die Erde ist und die wichtigsten wissenschaftlichen Erkenntnisse und Errungenschaften der Erdgeschichte beobachtet und verfolgt hat.

Merlin ist durch diese Frage-und-Antwort-Kolumne im *Star Date* bekannt geworden, einer Zeitschrift für interessierte Laien, die vom McDonald Observatorium der University of Texas in Austin herausgegeben wird.

Merlins Reise durch das Universum soll kein Astronomielehrbuch sein. Im Vordergrund stehen Fragen, die von interessierten Lesern jeden Alters, von vier bis neunzig Jahren, gestellt wurden. Diese Fragen habe ich zur Erbauung meiner Leser beantwortet – und zwar mit meiner ganzen Begeisterung für diese herrliche und phantastische Heimat, die unser Universum ist.

Einleitung

Merlin wurde vor fast fünf Milliarden Jahren auf dem Planeten Omniscia geboren – einem der fünf Planeten eines Planetensystems, das um den Stern Draziw kreist, der zwei Millionen Lichtjahre von der Andromeda-Galaxie entfernt ist. Merlins Geburt fiel mit der Entstehung des Sonnensystems in der Milchstraße, der Galaxis, zusammen, zu der auch der Planet »Erde« gehört.

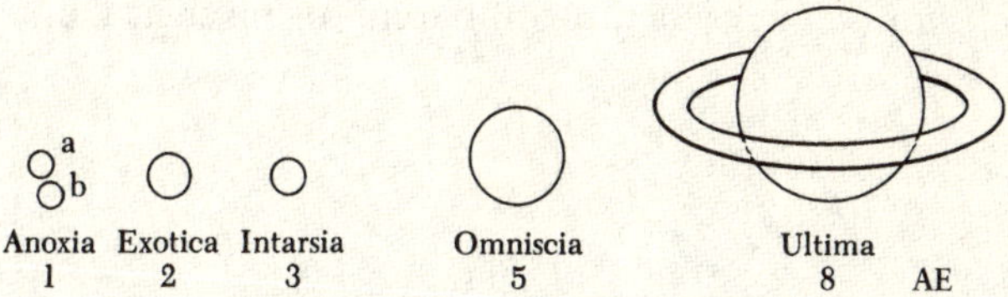

Das Fünf-Planeten-System des Sterns Draziw zeigt die Entfernungen zu Draziw in AEs (Anoxia-Einheiten)

Die meisten Bewohner Omniscias begeistern sich für die Wissenschaft und haben einen unendlichen Wissensdurst. Merlin selbst hat etliche akademische Grade vorzuweisen, die er in Astrophysik, Geschichte, Geophysik, Chemie und Philosophie an der planetenweiten Universum-tät Omniscias erworben hat. Zeit seiner Jugend war er vom Sonnensystem fasziniert, das der

Milchstraße geboren wurde, als er, Merlin, dem Planeten Omniscia geboren wurde. Später entwickelte Merlin dann ein reges Interesse an den wissenschaftlichen Meinungen und Gedanken der Menschen auf dem Planeten Erde.

Dabei mußte Merlin jedoch feststellen, daß die Menschen im allgemeinen zwar wißbegierig hinsichtlich der Erkenntnisse waren, welche die Wissenschaftler über das Universum gewonnen hatten, viele aber nicht wußten, wo oder wie sie Antworten auf ihre Fragen finden konnten. Wissen und Weisheit weiterzugeben ist nicht minder wichtig, als Wissen und Weisheit zu erwerben. Und so beschloß Merlin, die Erde zu besuchen, um dieses Wissen bei jenen Menschen zu verbreiten, die wie die Omniscianer jenen unstillbaren kosmischen Durst haben.

Kapitel 1

Die Erde

Im Unterschied zu vielen anderen Planeten im Universum ist die Erde ein Ort voller Dynamik.

Es gibt Ozeane, deren Wassermassen durch den Mond im Wechsel der Gezeiten in Bewegung gebracht werden, so daß sie gegen die Kontinentalschelfe schlagen. Es gibt Kontinente, die beständig auf einem Mantel aus Magma treiben, das aus Vulkanen ausbricht. Es gibt Pflanzen und Tiere und Mikroorganismen, die in Temperaturen in der Spannbreite von der eisigen Arktis bis zu den glühend heißen Tagen in der Wüste mit über 50° Celsius und Temperaturschwankungen von mehr als 30° Celsius leben und sich fortpflanzen. Diese ganzen Aktivitäten entfalten sich unter einer turbulenten, fast sechs Billiarden Tonnen schweren Atmosphäre, die Stürme, Dürreperioden, elektrische Entladungen und Erosionen hervorbringt.

Kurioserweise hat diese Umwelt dennoch im Vergleich zu anderen Orten wie der Venus, dem Pluto und natürlich dem Doppelplaneten Anoxia im Draziw-System ausgesprochen gastliche Bedingungen zu bieten.

Die auf ihrer Achse geneigte Erde bahnt sich rotierend und kreiselnd und schwankend auf ihrer Umlaufbahn um die Sonne, mit dem eng angekoppelten Mond, ihren Weg durchs All.

Lieber Merlin,

was würde passieren, wenn die Erde plötzlich nicht mehr rotieren, sich also nicht mehr um ihre eigene Achse drehen würde?

Wir würden unter anderem alle hinfallen und mit einer Geschwindigkeit von rund 1300 km/h schnurstracks Richtung Osten rollen (wobei die exakte Geschwindigkeit davon abhinge, auf welchem Breitengrad Sie sich auf der Erde befinden). Fest steht, daß der Pazifische Ozean Nord- und Südamerika und der Atlantische Ozean Europa und Afrika überspülen würden. Und daß auch noch viele andere unangenehme Dinge passieren würden.

Nachdem sich dann alles wieder beruhigt hätte, wäre der Erdentag gleich lang wie ein Erdenjahr, und es gäbe keine Tornados, Hurrikans, Zyklone oder Taifune mehr.

Lieber Merlin,

wenn die Erde morgen explodieren würde, welche Folgen hätte das für die Umlaufbahnen der anderen Planeten?

Merlin möchte hier lieber darüber nachdenken, welche Folgen es für die Umlaufbahn der *Erde* hätte, wenn morgen ein anderer Planet explodieren würde.

Die genaue Umlaufbahn der Erde wird durch die Sonnenmasse sowie die Masse aller übrigen Planeten bestimmt. Wenn wir die Masse eines Körpers und seine Entfernung kennen, können wir die Wirkung seiner Gravitation auf die Erde genau berechnen.

Die Sonne hat eine tausendmal größere Masse als alle übrigen Planeten zusammen und ist der Erde relativ nahe. Diese wahrlich kosmische Konstellation würde – angesichts der Explosion eines anderen Planeten – dafür sorgen, daß die Erde zu 99,999 Prozent auf ihrer jetzigen Umlaufbahn um die Sonne bliebe.

Lieber Merlin,

welche Form hat die Erde genau? Mir ist gesagt worden, sie sei keine Kugel.

Die Erde ist an den Polen leicht abgeplattet und unterhalb des Äquators etwas breiter als am Äquator selbst. Diese Form wird, wenig schmeichelhaft, als *eiförmiges abgeplattetes Sphäroid* bezeichnet.

Lieber Merlin,

wenn die Längengrade auf der Erde helfen, die Grenzen der Zeitzonen zu bestimmen, und wenn alle Längengrade sich einander immer mehr annähern, je weiter man vom Äquator aus nach Norden und nach Süden fährt, wieviel Uhr ist es dann an den Polen, wo die Längengrade schließlich alle zusammenlaufen?

Dann ist es Zeit, wieder nach Hause zu gehen.

An den Polen gibt es keine offiziellen Zeitzonen.

Lieber Merlin,

soviel ich weiß, war der Erdkern vor Milliarden von Jahren sehr heiß und kühlt seither immer weiter ab. Ist es denkbar, daß der Kern eines Tages ganz abgekühlt sein wird? Wenn ja, was wären die Folgen?

Ja, der Erdkern wird eines Tages »ganz« abgekühlt sein. Und wenn das passiert, werden die Landmassen der Erde geologisch tot sein: keine Kontinentaldrift mehr, keine Gebirgsbildung, keine Vulkane und das Schlimmste von allem – keine heißen Quellen mehr.

Lieber Merlin,

stell' dir vor, mitten durch die Erde würde von der einen Seite bis zur anderen ein Loch gegraben. Was würde mit einem Menschen geschehen, der in das Loch spränge? Würde er, wenn er die Erdmitte erreicht, weiter fallen, oder wäre seine Reise dort zu Ende?

Er würde angesichts der Temperatur des unter hohem Druck geschmolzenen Eisenkerns von rund 6000° Celsius verglühen.

Aber wenn wir dieses Problem einmal außer acht lassen, würde er von dem Augenblick, in dem er in das Loch springt, kontinuierlich an Geschwindigkeit zulegen, bis er das Zentrum der Erde erreicht, wo die Schwerkraft gleich null, also der Punkt der Schwerelosigkeit erreicht ist. Er fiele aber so schnell, daß er über das Zentrum hinausschießen würde – um dann jedoch im weiteren immer mehr abgebremst zu werden, bis er schließlich exakt in dem Augenblick, in dem er auf der anderen Seite wieder herauskäme, eine Geschwindigkeit von null erreichen würde.

Sofern sich jedoch niemand fände, der ihn dort packt und herauszieht, würde er einfach wieder in das Loch zurückfallen und seine Reise endlos fortsetzen und wiederholen.

Eine »einfache« Reise durch die Erde würde im übrigen etwa fünfundvierzig Minuten dauern.

Lieber Merlin,

bewegt sich die Erde tatsächlich kreiselförmig um ihre eigene Achse? Und wenn ja, warum merken wir es nicht?

Eine ganze Kreiselbewegung (die offiziell als Lunisolarpräzession bezeichnet wird) dauert etwa 26 000 Jahre. Das ist viel zu langsam, als daß man etwas davon merken könnte. Wenn Sie die Kreiselbewegung beobachten möchten, müssen Sie einfach in etwa 12 000 Jahren wiederkommen. Wenn Sie dann nach Norden schauen, werden Sie feststellen, daß die Erdachse vom Polarstern (Polaris) »weggekreiselt« ist – und nunmehr auf die Wega, den Polarstern der Zukunft, zeigt.

Lieber Merlin,
ich habe gehört, daß sich die Erdrotation verlangsamt. Stimmt das?

Ja.

Etwa alle 67000 Jahre wird der Tag um eine Sekunde länger. Was auf verschiedene Ursachen zurückzuführen ist – maßgeblich jedoch auf die ozeanischen Gezeiten, die im Wechsel von Ebbe und Flut auf die Kontinentalschelfe vor- und wieder zurückströmen. Angesichts der Reibung, die hierbei zwischen den 1,5 Trillionen Tonnen Meerwasser und den Landmassen entsteht, geht von der Rotationsenergie der Erde etwas verloren.

Wenn der Erdentag sich schließlich soweit verlängert hat, daß er gleich lang wie ein Mondmonat ist, wird es mit den Gezeiten und dem Strömen und der Verlangsamung der Erdrotation jedoch vorbei sein. Dieser Punkt wird in der Fachsprache als »Gezeitenstillstand« bezeichnet.

Lieber Merlin,

ich möchte mehr über die Präzession wissen. Verändert sich die Präzession der Erde in dem Maße, wie sich die Erdrotation verändert? Wenn ja, nimmt die Präzessionsperiode mit der Verlangsamung der Erdrotation zu oder ab? Und gibt es im Sonnensystem auch noch andere Körper, die präzessieren?

Die Rotationspräzession ist die »Kreiselbewegung«, die entsteht, wenn ein nicht sphärischer Körper sich unter dem Einfluß einer äußeren Gravitationsquelle in irgendeinem Neigungswinkel um die eigene Achse dreht. Was von der Beschreibung her für alle Planeten zutrifft. Die Erde ist zum Beispiel keine vollkommene, perfekte Kugel; sie hat auf ihrer Achse einen Neigungswinkel von 23 ½ Grad und ist fortwährend einem Ziehen und Zerren durch alle anderen Körper im Sonnensystem, insbesondere durch die Sonne und den Mond, ausgesetzt.

Die Dynamikgleichungen sagen vorher, daß sich die Präzessionsperiode von 26 000 Jahren etwa pro alle drei Sekunden, die der Erdentag länger wird, um ein Jahr verringert.

Lieber Merlin,

hat der große Präzessionszyklus der Erde irgendeinen Einfluß auf das Wetter, wenn im übrigen alles andere gleichbleibt?

Der »große« 26 000jährige Präzessionszyklus der Erde hat keinen Einfluß auf das Wetter.

Er hat jedoch Einfluß darauf, in welchem Teil des Jahres welcher saisonale Abendhimmel zu sehen ist. Die Sternbilder, die wir mit den verschiedenen Jahreszeiten verbinden (z. B. Orion im Winter, Cygnus, Schwan, im Sommer), wandern mit der Präzession der Erde durch den Kalender, so daß schließlich, wenn wir von heute aus gesehen einen halben Zyklus weiter sind, am Juni-Abendhimmel die »Wintersterne« des Dezember zu sehen sein werden.

Lieber Merlin,

ich finde die Geschichte von der Präzession der Äquinoktien faszinierend. Da diese Bewegung schon etwa 125 v. Chr. entdeckt wurde, muß es doch auch vorher schon genaue Aufzeichnungen gegeben haben. Also: (1) Wann wurde das Tierkreissternbild (Zodiakus) erstmals erwähnt? (2) Wann war das Frühlingsäquinoktium am Widderpunkt? (3) Was ist das beste Datum für den »Beginn der Wassermannzeit«?

Die Namen der Sternbilder gehen auf viele Kulturen, unter anderem auf die Chaldäer, Babylonier und Ägypter in der Zeit von vor zwei- bis dreitausend Jahren, zurück. Aber es war etwa im Jahr 150 v. Chr., als der griechische Philosoph Ptolemäus erstmals die zwölf Sternbilder, die den Tierkreis bilden, auflistete und darstellte.

Nach der jährlichen Bahn, die die Sonne in jener Zeit vor dem Hintergrund der Sterne beschrieb, »trat« sie am Frühlingsäquinoktium (dem ersten Tag des Frühlings) in das Sternbild des Widders »ein«. So erhielt der erste Frühlingstag den Namen »Widderpunkt«.

Mehr als achtzehnhundert Jahre später haben sich einige Dinge geändert. 1930 wurden die Grenzen der Tierkreissternbilder von der Internationalen Astronomischen Union (I.A.U.) neu festgelegt – wonach der Zodiakus nunmehr vierzehn Sternbilder hat. Und aufgrund der fortwährenden Präzession der Erdachse hat sich der »Frühlingspunkt« bzw. »Widderpunkt« im Kalender verschoben und erscheint einen Monat früher als das Frühlingsäquinoktium.

In etwa sechshundert Jahren wird der »Frühlingspunkt« bzw. »Widderpunkt« das Sternbild des Wassermanns erreichen und in die »Wassermannzeit« eintreten. Über diese kommende Ära wurden Lieder und Songs geschrieben, aus wissenschaftlicher Sicht gibt es jedoch keinen Grund, daran etwas besonders Aufregendes zu sehen.

Lieber Merlin,

ich habe gerade festgestellt, daß die Erde eine abgeflachte Umlaufbahn hat, auf der sie ihren sonnennächsten Stand im Januar erreicht und im Juli am weitesten von der Sonne entfernt ist! Wie kann das sein? Nach den Jahreszeiten scheint es doch genau umgekehrt zu sein.

Die Erde ist der Sonne im Januar tatsächlich näher als im Juli. Die Jahreszeiten haben jedoch eine ganz andere Ursache.

Die Erdachse hat einen Neigungswinkel von 23½ Grad gegenüber der Ebene ihrer Umlaufbahn um die Sonne. Im Sommer ist die Nordhalbkugel der Sonne *zu*geneigt. Und im Winter ist die Nordhalbkugel von der Sonne *weg*geneigt. Ihnen ist in diesem Zusammenhang vielleicht auch schon aufgefallen, daß die Mittagssonne im Sommer höher am Himmel steht als die Mittagssonne im Winter.

Wenn die Sonne hoch am Himmel steht, wird der Boden wesentlich effizienter erwärmt, als wenn sie niedrig am Himmel steht. Die Sonne erwärmt den Boden, und mit einer kleinen zeitlichen Verzögerung erwärmt der Boden dann die Luft. Was erklärt, warum einige Stunden nach zwölf Uhr mittags die heißeste Tageszeit und ein bis zwei Monate nach der Sommersonnenwende (am 21. Juni) die heißeste Jahreszeit ist.

Wobei die Jahreszeiten bei den Bewohnern der Südhalbkugel natürlich umgekehrt sind.

Lieber Merlin,

wenn die Erde auf ihrer Achse keinen Neigungswinkel von 23½ Grad hätte, ihre Achse also null Grad geneigt wäre, welche Folgen hätte das für unsere Jahreszeiten? Wäre auf der Nord- und Südhalbkugel dann jeweils dieselbe Jahreszeit?

Dann gäbe es keine Jahreszeiten; auf jedem Fleck der Erde gäbe es dann exakt zwölf Stunden Tageslicht und zwölf Stunden Nacht – jeder Tag wäre ein Äquinoktium.

Ferner würden Sie auch feststellen, daß Bären keinen Winterschlaf mehr hielten, die Bäume nicht wüßten, wann sie ihre Blätter abzuwerfen hätten, und die Mode nicht wüßte, wann sie wechseln sollte.

Lieber Merlin,

im Herbst und im Winter können wir fünf oder sechs UHF-Sender gut empfangen; kurz vor dem Frühlingsäquinoktium wird der Empfang dann jedoch schlechter, bis wir nach etwa einer Woche schließlich bis zum folgenden Herbst überhaupt keinen UHF-Empfang mehr haben. Hat die Neigung der Erde gegenüber der Sonne irgend etwas mit dem Fernsehempfang zu tun?

Wenn wir davon ausgehen, daß die Belegschaften der fünf oder sechs UHF-Sender nicht alljährlich im Sommer Betriebsferien machen, liegen Sie mit Ihrer Vermutung richtig, daß der Empfang etwas mit der Neigung der Erde zu tun hat.

In der Sommerzeit neigt die Erdachse die Nordhalbkugel der Sonne entgegen, wodurch sich die Interferenz der Sonne im Vergleich zum Winter erhöht. Wenn der Empfang Ihrer UHF-Sender also schwächer zu werden beginnt, ist die Interferenz der Sonne wahrscheinlich stärker als das UHF-Signal, das Sie empfangen wollen.

Der »Schnee«, den Sie dann wohl auf Ihrem Fernsehschirm sehen (und die »statische Störung«, die Sie zwischen den Sendern hören), wird als *Funkrauschen* bezeichnet, das auf unterschiedlichste Quellen wie Generatoren, Elektrogeräte, Starkstromleitungen, im wesentlichen jedoch auf die Sonne zurückzuführen ist. Die Erde empfängt von der Sonne mehr Funkrauschen als von jedem anderen Objekt am Himmel.

Lieber Merlin,
ich habe einmal gelesen, daß sich die Erdachse in der Vergangenheit mehrfach verschoben hat. Kann das überhaupt sein?

Nein. Nicht, wenn Sie von der *Rotations*achse der Erde sprechen. Aber die magnetischen Pole haben sich im Laufe der Erdgeschichte schon viele Male verschoben, wobei es unter Geologen allerdings immer noch kein Einvernehmen darüber gibt, wie oder warum das geschieht.

Lieber Merlin,

wenn das Universum zum Großteil aus Wasserstoff besteht, wie kommt es dann, daß dieser in der Erdatmosphäre kaum vorkommt? Und wo bekommen wir ihn her, wenn wir ihn brauchen?

Bei den Temperaturen in der unteren Erdatmosphäre bewegen sich die Wasserstoffatome mit Geschwindigkeiten, die weit über der Fluchtgeschwindigkeit von der Erde von rund 11 km/sec (rund 40000 km/h) liegen. Sie können relativ leicht in den interplanetaren Raum entweichen.

Sofern Sie je etwas Wasserstoff benötigen sollten, können Sie ihn in Ihrem nächsten Wasserhahn finden. Was dort herauskommt, sind jede Menge Moleküle mit zwei Wasserstoffatomen, die jeweils eng mit einem Sauerstoffatom verbunden sind. Diese chemische Zusammensetzung bezeichnen wir als »Wasser«. Mittels elektrolytischer Verfahren spalten Wissenschaftler diese Wasserstoff-Sauerstoff-Verbindung auf, wodurch Wasserstoffgas und Sauerstoffgas freigesetzt werden.

Lieber Merlin,

wenn die Fluchtgeschwindigkeit von der Erde 40 000 Kilometer in der Stunde beträgt, wie kann die Erde dann eine Atmosphäre haben, da Moleküle sich doch in höheren Geschwindigkeiten als 40 000 Kilometer in der Stunde bewegen?

Die Fluchtgeschwindigkeit von der Erde liegt tatsächlich bei rund 40 000 Kilometer in der Stunde. Aber die Sauerstoff- und Stickstoffmoleküle auf der Erdoberfläche (welche die schnellsten in der Atmosphäre sind) haben eine Durchschnittsgeschwindigkeit von etwas mehr als 1 600 Kilometer in der Stunde, so daß es keinen Grund zur Sorge gibt, Sie könnten eines Tages in einem Vakuum aufwachen.

Lieber Merlin,

ich habe eine sehr einfache, aber dennoch verwirrende Frage an Sie. Wie kommt es, daß es kalt ist, wenn man die Atmosphäre verläßt, aber warm, wenn man wieder zurückkehrt?

Ihre Temperatur im Weltraum hängt davon ab, was Sie mit dem Sonnenlicht machen, das auf Sie fällt.

Wenn Sie vorhaben, eine Rundreise im All zu machen, können Sie Ihre Temperatur einfach über die Farbe Ihrer Kleidung kontrollieren. Sofern Sie schwarz tragen, *absorbieren* Sie alle Sonnenstrahlen, die auf Sie treffen, mit dem Ergebnis, daß Ihre Körpertemperatur auf etwa 132° Celsius steigen wird. Da das etwas oberhalb des Siedepunktes des Blutes liegt, sollten Sie vielleicht besser erwägen, eine andersfarbige Kleidung zu tragen.

Und wenn Sie eine Kleidung tragen, die außen ganzflächig mit Spiegeln versehen ist, *reflektieren* Sie die meisten Sonnenstrahlen – Sie sterben, da Ihre Temperatur auf unter minus 38° Celsius sinken wird.

Wenn Sie die Erdatmosphäre verlassen wollen, wäre es ideal, das zu tragen, was die Astronauten tragen – einen isothermischen Raumanzug.

Lieber Merlin,
warum ist die Luft auf Berggipfeln dünner als auf der Höhe des Meeresspiegels?

Im Unterschied zu Festkörpern und Flüssigkeiten hat Luft die Eigenschaft, in hohem Maße verdichtbar zu sein. Der Luftdruck wird jeweils durch das Gewicht der ganzen Säule der Erdatmosphäre bestimmt, die sich über einem bestimmten Gebiet befindet. Wenn Sie auf die Spitze eines hohen Berges klettern (was astronomische Beobachter routinemäßig tun), haben Sie bereits Tausende von Metern jener Luftsäule unter sich gelassen. Die über Ihnen verbliebene Luft wiegt nicht mehr so viel wie die Luftsäule, die am Fuße des Berges über Ihnen war, und so wird die Luft, die um Sie herum ist, auch weniger zusammengedrückt.

Zu den Auswirkungen dieses Phänomens gehört unter anderem auch, daß sich die Kochzeiten bei der Essenszubereitung verändern bzw. angleichen, da der Siedepunkt des Wassers (ein wesentlicher Faktor der Essenszubereitung) im einzelnen von dem jeweils vorherrschenden Luftdruck abhängt. Sollte es je Restaurants auf dem Mond geben, werden sie mit Sicherheit ein außergewöhnliches Menü – aber garantiert keine Atmosphäre – zu bieten haben!

Kapitel 2

Der Mond

Der Mond ist der einzige natürliche Satellit der Erde. Von jedem beliebigen Punkt der Erde aus betrachtet, steht er genauso oft bei Tag wie bei Nacht über dem Horizont. Wobei sein einzigartiger heller Glanz natürlich bei Nacht, wenn er sich den Himmel nicht mit der Sonne teilt, mehr zur Geltung kommt.

Bei seiner monatlichen Reise im Umlauf um die Erde können wir die Mondoberfläche betrachten, wie sie vom Sonnenlicht in einem kontinuierlich verlaufenden Winkelspektrum beleuchtet wird. Diese unterschiedlichen Winkeleinstellungen werden allgemein als »Phasen« bezeichnet, die vom unsichtbaren *Neumond* (wo der Mond sich zwischen der Erde und der Sonne befindet und die abgewandte Seite ganz beleuchtet wird), zur *zunehmenden Sichel*, zum *Ersten Viertel* (das allgemein als zunehmender Halbmond bezeichnet wird), zum *zunehmenden Mond zwischen Halb- und Vollmond*, zum *Vollmond*, zum *abnehmenden Mond zwischen Voll- und Halbmond*, zum *Letzten Viertel*, zur *abnehmenden Sichel* und dann wiederum zum *Neumond* fortschreiten. Das Letzte Viertel, der abnehmende Halbmond, und die abnehmende Sichel gehen erst nach Mitternacht auf, so daß diese beiden Phasen in der Regel nur von Nachtwächtern und Nachttaxifahrern bestaunt werden können.

Am 20. Juli 1969 landeten zum erstenmal zwei Menschen auf dem Mond. Hätten sie ihre Reise mit der in den USA zulässigen Höchstgeschwindigkeit von 90 km/h zurückgelegt, hätten sie dafür rund sieben Monate gebraucht, aber dank des Raketenantriebes dauerte sie nicht einmal zweiundsiebzig Stunden. Was die Astronauten vorfanden, entsprach den Erwartungen, die man im Vorfeld hatte: eine unfruchtbare, wasserlose, luftlose, von Kratern übersäte Oberfläche. Sie hüpften herum, stellten eine Fahne auf, sammelten Mondgestein und hinterließen ihre Fußspuren im Staub der Mondzeit.

Lieber Merlin,

mir ist in verschiedenen Zeitungen aufgefallen, daß der Zeitpunkt, wenn der Mond voll beleuchtet ist, also Vollmond erreicht ist, immer auf die Minute genau angegeben wird. Ich möchte gerne wissen, wie lange genau Vollmond ist?

Vollmond ist laut Definition der Augenblick, in dem der Mond der Sonne, von der Erdmitte aus betrachtet, am Himmel gegenübersteht. Die in Zeitungen und sonstigen Publikationen angegebene Zeit ist ziemlich genau die Minute, in der das eintritt. Der Mond ist etwa eine Stunde lang relativ voll zu sehen.

Dem ungeübten Auge kann der Mond jedoch mehrere Tage vor und nach dem offiziellen Zeitpunkt als Vollmond erscheinen, bis er gemächlich zur nächsten Phase, dem »abnehmenden Mond zwischen Voll- und Halbmond«, übergeht.

Lieber Merlin,
wie hell ist das Mondlicht in einer Vollmondnacht?

Der Mond ist fast so hell wie die Straßenlaterne, unter der Sie vielleicht stehen – nur daß er nach Sonnenuntergang für jeden auf der Erde so hell aussieht. Er erzeugt Schatten, »erstickt« durch seine Helligkeit das Licht von Tausenden normalerweise am Abendhimmel sichtbaren Sternen, beeinträchtigt die Sicht bei den saisonal auftretenden Meteorschauern und leistet Beistand bei Einbrüchen. Dank des Mondlichts kann jedoch auch über den Sonnenuntergang hinaus weiter geerntet werden, können beim Campen Taschenlampenbatterien gespart werden und kann aus einem gewöhnlichen Abend ein romantischer Abend werden.

Bei all dieser Helligkeit reflektiert der Mond nur etwa sieben Prozent des Sonnenlichtes, das auf seine Oberfläche fällt. Der Rest wird absorbiert.

Und nebenbei: Die »Vollerde« ist vom Mond aus betrachtet fünfzigmal heller als der Vollmond von der Erde aus betrachtet.

Lieber Merlin,

können Sie mir sagen, welche Namen all die Vollmonde im Jahr haben?

Die Namen der Vollmonde sind von Land zu Land und von Region zu Region verschieden. In Nordamerika sind folgende Namen am geläufigsten:

Der Januar-Mond wird phantasielos der *Mond nach Weihnachten* genannt. Der Februar-Mond ist der *Schneemond* (für diejenigen, die reichlich Schneevergnügen haben) oder der *Wolfsmond* (für diejenigen, die Wölfe hören, die ihn anheulen) oder der *Hungermond* (für diejenigen, denen die Nahrungsmittelvorräte ihrer Herbsternte ausgegangen sind). Wie jeder Baum weiß, ist der März-Mond der *Saftmond*. Im April ist er der *Grasmond*. Und im Mai ist er der *Pflanzmond*. Der Vollmond scheint von dem Reim: »April-Regen bringt im Mai Blumensegen« nichts zu wissen, da wir den *Blumenmond* im Juni haben. Der Juni-Vollmond steht darüber hinaus niedrig am Himmel. Durch den atmosphärischen Staub unten am Horizont nimmt er oft eine honiggelbe Farbe an. So daß Frischvermählte den Vollmond im Juni auch vorzugsweise *Honey Moon*, *Honigmond*, nennen. Dem *Donnermond* begegnet man entsprechend im Juli, während der August den *Getreidemond* hat. Der dem Herbstäquinoktium am nächsten liegende Vollmond ist der *Erntemond*. Dieser Vollmond geht unmittelbar nach dem Sonnenuntergang auf, so daß man die ganze Nacht hindurch ernten kann. Wenn der Erntemond in den Oktober fällt, dann ist im September der *Obstmond*. Und wenn der Erntemond in den September fällt, werden einige Tiere entsetzt sein, da der Oktober-Mond der *Jägermond* sein wird. Der November-Mond ist der *Frostige Mond*, vor allem für diejenigen, die im Norden leben. Und der Dezember-Mond wird der *Mond vor Weihnachten* genannt (es sei denn, daß sein Erscheinen in die Zeit nach Weihnachten fällt, dann heißt er der *Mond der langen Nacht*). Und ein zweiter Vollmond in einem Monat wird immer als *Blauer Mond* bezeichnet.

Diese recht trockene Liste der Vollmondnamen ist unverkennbar bereits älteren Datums und wurde in einer landwirtschaftlich orientierten Ära der nordamerikanischen Gesellschaft erfunden. Da sich die Zeiten geändert haben, möchte Merlin gerne eine entsprechend *revidierte* Liste der Vollmonde vorschlagen.

Januar	der Super-Bowl-Mond
Februar	der Mond des schmutzigen Schnees
März	der Das-Wetter-wird-besser-Mond
April	der Steuererklärungsmond (wenn er vor dem 15. kommt) der Säumniszuschlagmond (wenn er nach dem 15. kommt)
Mai	der Es-wird-wärmer-Mond
Juni	der Ausreißer-Mond
Juli	der Ganovennachtmond
August	der Mond der schwülen Nacht
September	der Schulanfangmond

Oktober	der Mond der fallenden Blätter
November	der Mond der nackten Bäume
Dezember	der Weiße-Weihnacht-Mond (für diejenigen, die im Norden leben) der *I'm-Dreaming-of-a-White-Christmas-Mond* (für diejenigen, die im Süden leben)

Lieber Merlin,

ich habe einmal gelesen, daß es im Februar unmöglich jemals zwei Vollmonde geben kann. Aber der Februar hat doch alle vier Jahre, wie 1988, neunundzwanzig Tage. Wäre es somit nicht tatsächlich möglich – sozusagen »alle Jubeljahre« –, daß jeweils am 1. Februar und nochmals am 29. Februar Vollmond ist?

Die durchschnittliche Zeitspanne zwischen zwei aufeinanderfolgenden Vollmondphasen beträgt 29 Tage, 12 Stunden, 44 Minuten und 3 Sekunden. Der Februar hat nie mehr als 29 Tage, 0 Stunden, 0 Minuten und 0 Sekunden zu bieten. Folglich kann er keine zwei Vollmonde haben.

Für den Monat Februar bedeutet daher der Ausdruck »alle Jubeljahre« in Wirklichkeit *nie*.

Lieber Merlin,

hat der Vollmond Einfluß auf das Verhalten der Menschen?

In manchen Städten werden bei Vollmond mehr Babys als in jeder anderen Phase geboren.

Außerdem nimmt bei Vollmond die Zahl der Einbrüche in großstädtischen Gebieten (zum Beispiel auch in Ihrer Stadt) zu.

Aber ehe wir voreilig irgendwelche kosmischen Schlußfolgerungen ziehen, müssen wir uns diese beiden Statistiken näher ansehen: Die Zeit einer Schwangerschaft entspricht ziemlich genau zehn Mondphasenzyklen. Die Tatsache, daß bei Vollmond mehr Kinder geboren werden, heißt nichts anderes, als daß bei Vollmond mehr Kinder *gezeugt* werden. Und wer wollte den romantischen Einfluß einer Mondscheinnacht bestreiten?

Der Vollmond ist die einzige Phase, welche die ganze Nacht über sichtbar ist. Der Vollmond geht bei Sonnenuntergang auf und bei Sonnenaufgang unter. Es ist auch die hellste Phase. Was Einbrecher natürlich wissen und folglich versuchen, ihren Vorteil aus diesen idealen Lichtverhältnissen zu ziehen, die ihnen hier die ganze Nacht geboten werden. In bewölkten (Vollmond-) Nächten sind die Einbruchraten nicht anders als zu jeder anderen Zeit des Monats.

PS: Merlin hat übrigens nie jemanden gesehen, dem zu *irgendeiner* Mondphase Haare in den Handflächen und Reißzähne im Mund wuchsen.

Lieber Merlin,

wie kommt es, daß man bei einer dünnen Mondsichel manchmal die Umrisse des restlichen Mondes sehen kann?

Dieses Phänomen wurde zum erstenmal korrekterweise von Merlins gutem Freund Leonardo da Vinci im späten fünfzehnten Jahrhundert beschrieben.

Bei einer dünnen Mondsichel kann ein »Mondwesen« durch die geradlinige Ausrichtung von Erde-Mond-Sonne von der verdunkelten Seite des Mondes aus die *Voll*erde sehen. Sie erscheint als ein wolkenverhangener blauer Ball am Himmel, der fast vierzehnmal größer ist als der Vollmond von der Erde aus betrachtet.

Die Vollerde wirft genügend Licht auf die verdunkelte Mondoberfläche, das, reflektiert, wiederum auf der Erde als schwacher Umriß des restlichen Mondes sichtbar ist. Ein Phänomen, das von Astronomen als »Erdlicht« bezeichnet wird – wobei Merlin allerdings lieber vom »Mondlicht« spricht.

Lieber Merlin,

ich finde es faszinierend, den Mond anzuschauen, wenn kein Vollmond ist, und den schwachen Umriß des verdunkelten Teils zu sehen. Ist das ein Teil der Mondhalbkugel, den wir nie sehen (die dunkle Seite des Mondes), oder ist es immer dieselbe Mondhalbkugel, die uns zugewandt ist, auf der sich einfach nur jeweils die Position des beleuchteten Teils des Mondes verschiebt?

Entgegen dem, was in Liedern und im Volksmund behauptet wird, gibt es keine »dunkle Seite« des Mondes. Die Position des beleuchteten Teils des Mondes wandert tatsächlich über die ganze Mondoberfläche, um jeden Teil mit nahezu jeweils fünfzehn Tagen Sonnenlicht zu versorgen. In wissenschaftlichen Kreisen ist diese wandernde Grenzlinie zwischen dem beleuchteten und unbeleuchteten Teil des Mondes unter dem alles andere als poetischen Namen »Terminator« bekannt.

Der Mond kehrt der Erde jedoch immer nur eine Seite – die »nahe Seite« – zu. Gegen Ende des Jahres 1959 flog die sowjetische Mondsonde *Lunik 3* erstmals hinter dem Mond entlang. Womit die Erdbewohner dann auch erstmals Fotografien erhielten, die ihnen zeigten, wie die »Rückseite« des Mondes aussieht.

Lieber Merlin,

als wir in China waren, erklärte einer aus unserer Gruppe, der Mond (es war eine Sichel) sehe hier im Vergleich zu daheim in die entgegengesetzte Richtung. Ich dachte, das kann nicht sein, wußte aber nicht, was ich ihm entgegenhalten sollte.

Und gerade habe ich einen Brief von einer Freundin erhalten, die in Neuseeland war. Sie sagt: »Der Mond faszinierte mich. In New York war er im Ersten Viertel... [als] wir am nächsten Abend auf der Südhalbkugel waren, sah es so aus, als wäre er im Letzten Viertel.«

Können Sie mir hier weiterhelfen?

Der Mond dürfte in China nicht anders als in den Vereinigten Staaten aussehen.

Bei einem Besuch auf der Südhalbkugel erscheinen jedoch alle Himmelskörper (Planeten, Monde, Sternbilder usw.), die für Sie vorher »hochkant« standen, »auf den Kopf gestellt«. Wenn Sie etwas auf den Kopf stellen (etwa Ihren eigenen Blickwinkel), wird die rechte Seite nach links und die linke Seite nach rechts gedreht.

Die jeweilige Mondphase kümmert es reichlich wenig, ob Sie auf dem Kopf standen, als Sie sie ansahen.

Lieber Merlin,
wie groß sind die Krater auf dem Mond?

Die Mondoberfläche hat höhere Berge, breitere Krater, tiefere Täler und längere Bergkämme, als es irgendwo vergleichsweise auf der Erdoberfläche gibt.

Die »Hochländer« des Mondes weisen Krater aller Größen mit einem Durchmesser bis zu 320 Kilometer und mit Wällen auf, die bis zu mehr als 3 000 Meter über die umliegende Fläche hinausragen.

Auf Sicherheit bedacht, suchten die Apollo-Missionen sich auf dem Mond natürlich immer die möglichst flachsten Gebiete als Landeplätze aus.

Lieber Merlin,
warum hat der Mond keine Atmosphäre, während die Erde, die ihm im Weltraum so nahe ist, doch eine spürbare hat?

Die Stickstoff- und Sauerstoffmoleküle in der unteren Schicht der Erdatmosphäre bewegen sich zwischen ihren Zufallskollisionen mit einer Geschwindigkeit von rund 490 Meter pro Sekunde. Die Gravitation der Erde ist stark genug, um zu verhindern, daß Moleküle wie Stickstoff und Sauerstoff, trotz ihrer hohen Geschwindigkeit, in den Weltraum entweichen.

Der schwachen Gravitation des Mondes (die nur ein Sechstel der Anziehungskraft der Erde ausmacht) gelingt es nur, die langsamsten Gasmoleküle zu halten. So daß der »atmosphärische« Druck auf dem Mond in der Konsequenz nur ein Billionstel von dem auf der Erde beträgt.

Lieber Merlin,

wenn die Gravitation der Sonne stärker als die Gravitation der Erde ist, warum kreist der Mond dann um die Erde?

Bei näherer Betrachtung werden Sie sehen, daß die Erde und der Mond zwar gemeinsam im Umlauf sind, *beide* zusammen aber auch die Sonne umkreisen.

Lieber Merlin,

Astronomen sagen, daß der Mond sich pro Jahr ein Stückchen von der Erde fortbewegt. Warum ist das so?

Die Gravitation des Mondes übt eine »Gezeiten«-Kraft auf die Erde aus, die (unter anderem) die Erdrotation verlangsamt.

Als Reaktion auf diesen Verlust des Rotationsmomentes der Erde erhöht sich das Rotationsmoment des Mondes, so daß er sich um etwa fünf Zentimeter pro Jahr von der Erde entfernt.

Das entspricht einem allgemeingültigeren physikalischen Prinzip, das als die »Erhaltung des Drehimpulses« bekannt ist.

Lieber Merlin,

welche Maximalgeschwindigkeit erreichten die Apollo-Raumschiffe auf ihrem Weg zum Mond, und wie lange haben sie tatsächlich für ihre Reise zwischen der Erde und dem Mond gebraucht?

Die Apollo-Raumschiffe erreichten bei ihrer dreitägigen Reise von der Erde zum Mond alle eine Durchschnittsgeschwindigkeit von einer Meile pro Sekunde, also rund 1,6 km/sec, und erzielten ihre maximale Geschwindigkeit alle gleich am Anfang ihrer Reise, unmittelbar nach dem Verlassen der Erdumlaufbahn. Hier werden die Triebwerke gezündet, um die Flucht- oder Entweichgeschwindigkeit von der Erde von 11,2 km/sec zu erreichen. Ab dem Augenblick »treiben« sie dann auf den Mond zu (vorausgesetzt, sie haben ihr Ziel richtig anvisiert), wobei ihre Geschwindigkeit im weiteren kontinuierlich durch die Anziehungskraft der Erde gebremst wird.

Sobald sie sich dem Mond bis auf etwa 43 000 km genähert haben, ist die Anziehungskraft des Mondes stark genug, um ihre Geschwindigkeit wieder zu erhöhen, bis sie schließlich in die Mondumlaufbahn einsteuern können.

Lieber Merlin,

können Sie mir sagen, wo man auf dem Mond suchen muß, um genau die Stelle zu finden, an der die ersten Astronauten die amerikanische Flagge hißten?

Nach der letzten Zählung gab es sechs amerikanische Flaggen auf dem Mond, die Apollo-Astronauten dort zurückgelassen haben. Sie befinden sich alle an verschiedenen Stellen. Die erste Fahne, 1969 von Neil Armstrong aufgestellt, wurde in der Nähe des Landeplatzes im Mare Tranquilitis – dem Meer der Ruhe – aufgestellt, einem flachen, breiten Becken auf der Oberfläche des Mondes.

Während das Meer der Ruhe auch für das ungeübte Auge von der Erdoberfläche aus gut sichtbar ist, kann die Fahne jedoch selbst mit den größten bodengestützten Teleskopen nicht ausgemacht werden.

Lieber Merlin,

was ist die beste Auflösung lunarer Details, die mit dem 200-Inch-Teleskop hier auf der Erde wahrgenommen werden können? Das heißt, sind Krater von rund anderthalb Kilometer Durchmesser noch zu erkennen? Oder von rund acht Kilometer? (Ich habe das schon einmal gelesen, kann es in meinen einhundertfünfzig Astronomiebüchern aber nicht mehr finden.)

Das 200-Inch-Teleskop auf dem Mount Palomar in Kalifornien kann Krater bis zu einem Durchmesser von etwa einer Meile, also rund anderthalb Kilometern, auflösen. Aber ehe Sie sich davon beeindrucken lassen, sollten Sie wissen, daß ein 4-Inch-Teleskop das gleiche Auflösungsvermögen zu bieten hat. Die Auflösungsgrenze wird hier von der turbulenten Atmosphäre der Erde bestimmt.

Wenn Sie den Atem anhalten, während Sie die Teleskope über die Erdatmosphäre hinausrichten, werden Sie feststellen, daß das 4-Inch-Teleskop nur Krater von rund anderthalb Kilometer Durchmesser auflösen kann, mit dem 200-Inch-Teleskop jedoch Details bis auf eine Größe von dreißig Metern zu erkennen sind.

Lieber Merlin,
was waren die ersten Worte, die vom Mond aus gesprochen wurden? Ich habe widersprüchliche Geschichten darüber gehört.

Wie viele Texaner wissen, ist das erste Wort, das bei den ersten Meldungen vom Mond gesprochen wird, »Houston«. Merlin war gerade zu Besuch auf dem Mond, als sich das alles ereignete, und konnte den nachfolgenden Dialog zwischen dem Apollo 11-Astronauten Neil Armstrong und dem Raumfahrtkontrollzentrum mithören:

Armstrong: Houston, hier »Ruhe«-Basis. Der Eagle [Adler, die Mondfähre] ist gelandet.
Kontrollzentrum: Roger, »Ruhe«, wir übertragen Euch auf dem Boden. Ihr habt hier einen Haufen Jungs, die dabei waren, blau anzulaufen. Jetzt atmen wir wieder. Vielen Dank.
Armstrong: Danke.
Kontrollzentrum: Ihr macht von hier aus einen guten Eindruck.
Armstrong: Eine sehr glatte Landung.

Kapitel 3

Planeten

Die neun Planeten der Sonne (und die fünf des Draziw) sind so verschieden voneinander, daß viele Astronomen ihre Forschungen ein Leben lang einem einzigen Planeten widmen. Grob kategorisiert umfaßt das Sonnensystem vier kleine, im wesentlichen aus Gestein bestehende Planeten – Merkur, Venus, Erde und Mars – und vier große, hauptsächlich aus Gas bestehende Planeten – Jupiter, Saturn, Uranus und Neptun – sowie einen Planeten, Pluto, der eine Kategorie für sich darstellt.

Im Unterschied zu Kometen kreisen alle Planeten nahezu auf der gleichen Ebene und in derselben Richtung (von »oben« betrachtet, entgegen dem Uhrzeigersinn) um die Sonne. Das sind zwei wichtige Fakten, die auf einen gemeinsamen dynamischen Ursprung aller Planeten hinweisen. Gegenwärtige Theorien gehen davon aus, daß hier ursprünglich eine gewaltige rotierende Gaswolke in sich zusammenfiel und dann durch die Rotation abflachte. Dabei bildete sich in der Mitte, mit 99,87 Prozent der Masse, die Sonne heraus, während sich die neun Planeten um sie herum auf einer gemeinsamen orbitalen Ebene verdichteten. Es existiert auch noch ein äußerer Teil der ursprünglichen Wolke, der nicht verformt wurde und folglich nicht in sich zusammenfiel und abflachte. Er ist in der Kälte des fernen Alls als Kometenquelle für die Sonne erhalten geblieben.

Lieber Merlin,

können Sie für mich alle Planeten in der Reihenfolge ihrer Entfernung zur Sonne auflisten?

Merlin hilft sich mit einer kleinen Gedächtnisstütze, um die Planeten in der Reihenfolge ihrer Entfernung zur Sonne zu behalten: »*M*eine *V*erehrte *E*infallsreiche *M*utter *J*ust *S*ervierte *U*ns *N*eun *P*izzas.« Die Anfangsbuchstaben stimmen jeweils mit den ersten Buchstaben der Planeten in ihrer Reihenfolge überein: Merkur, Venus, Erde, Mars, Jupiter, Saturn, Uranus, Neptun und Pluto.

Von 1979 bis 1999 gilt jedoch, daß Pluto auf seiner elongierten Umlaufbahn der Sonne näher ist als Neptun. So daß unsere Gedächtnisstütze für diese Jahre lauten müßte: Meine Verehrte Einfallsreiche Mutter Just Servierte Uns *Pizzas Neun*.

Lieber Merlin,

soweit ich weiß, wurden die Planeten alle von den Griechen benannt – oder erhielten zumindest griechische Namen. Der Name »Erde« klingt jedoch nicht Griechisch. Wie erhielt unser Planet seinen Namen?

»Erde« bedeutet ursprünglich »Boden«.

Ihr Planet wurde ebensowenig wie der »Mond« nach jemandem benannt. Alle anderen Planeten des Sonnensystems und ihre Monde wurden hingegen nach den unterschiedlichsten Charakteren aus der römischen und griechischen Mythologie und aus Shakespeare-Stücken benannt.

Lieber Merlin,

was sind die größten Hindernisse, die sich einer bemannten Forschungsexpedition zu den Nachbarplaneten in den Weg stellen?

Auf dem Merkur und der Venus herrschen Oberflächentemperaturen von über 370° Celsius. Diese ungastlichen Bedingungen genügen, um Blei zum Schmelzen zu bringen. Auf der Venus haben wir es mit einem zusätzlichen Problem zu tun, da hier ein Druck von nahezu hundert Erdatmosphären gemessen wurde. Die Raumanzüge müßten also einem Druck von rund 1300 Pfund pro Quadratinch standhalten.

Den auf dem Mars periodisch wütenden Sandstürmen könnte man ausweichen, indem man zur richtigen Zeit und am richtigen Ort auf dem Mars landet.

Wenn Sie es schaffen, ohne allzu großen Schaden an Ihrem Raumschiff zu nehmen, den Asteroidengürtel zu durchqueren, werden Sie feststellen, daß die Gasplaneten Jupiter und Saturn keine »Oberfläche« zu bieten haben, auf der man landen könnte – also keinen Ort, an dem man eine Flagge aufstellen könnte. Außerdem würde ein Astronaut von 145 Pfund durch die extreme Gravitation auf dem Jupiter über 360 Pfund wiegen.

Auf Uranus, Neptun und Pluto herrschen klirrend eisig kalte Temperaturen von unter minus 200° Celsius. Wobei andere Gefahren auf diesen fernen Planeten erst noch zu ermitteln sind.

Das größte Hindernis von allen ist jedoch die Frage der Finanzierung.

Der mit Abstand sicherste und erschwinglichste Planet, den man besuchen kann, ist somit die Erde.

Lieber Merlin,

warum hat der Merkur so viele Krater, während der Mond vergleichsweise wenige hat? Weder der Merkur noch der Mond haben eine Atmosphäre.

Die Seite des Mondes, die nie der Erde zugewandt ist, »die abgelegene Seite«, sieht genauso von Kratern übersät aus wie der Merkur. Diese Tatsache war nicht bekannt, bis die Sowjetunion Mitte der sechziger Jahre eine Sonde in die Mondumlaufbahn brachte, um die abgelegene Seite des Mondes zu fotografieren.

In der Frühgeschichte des Sonnensystems war die gesamte Mondoberfläche so stark mit Kratern übersät. Auf der erdnahen Seite des Mondes befanden sich jedoch die Gebiete, auf die sich die lunaren Lavaströme konzentrierten, welche die Schicht unter der heutigen Oberfläche überfluteten, die gigantischen Einschlagkrater füllten und zu einer relativ flachen und glatten Oberfläche abkühlten. Nach der Entstehung des Sonnensystems blieben dann nicht genügend Asteroide und Meteore, die diese Flächen hätten »bombardieren« und wiederum mit frischen Kratern »übersäen« können.

Lieber Merlin,

ich habe schon so oft gehört, die Venus sei der »Schwester«-Planet der Erde und beide seien einander sehr ähnlich. Wie erklären Wissenschaftler dann die Oberflächentemperatur der Venus von 480° Celsius? Ist das damit zu erklären, daß die Venus einen geringeren Abstand zur Sonne hat?

Der wunderschöne Planet Venus zeichnet sich bedauerlicherweise dadurch aus, daß er der heißeste Planet im gesamten Sonnensystem ist. Mit seiner Oberflächentemperatur von 480° Celsius ist er weitaus heißer als ein Pizzaofen. Die Erde ist mit ihrer durchschnittlichen Oberflächentemperatur von 13° Celsius beträchtlich kühler.

Die Venus ist der Sonne etwas näher als die Erde. Somit wäre zu erwarten, daß sie auch nur etwas wärmer ist. Die enorme Hitze ist das Ergebnis eines »Treibhaus-Effektes«, der durch die großen Mengen von Kohlendioxid in der Venus-Atmosphäre hervorgerufen wird. Dabei dringt sichtbares Licht durch die dichte Wolkendecke zur Oberfläche des Planeten, wo es von der steinigen Oberfläche absorbiert und in Wärmestrahlung im infraroten Wellenlängenbereich umgewandelt wird, die durch das Kohlendioxid nicht entweichen kann und gefangengehalten wird und so die Atmosphäre erwärmt.

Die Erdatmosphäre besteht hauptsächlich aus Stickstoff und Sauerstoff und enthält nur geringe Mengen Kohlendioxid. Entsprechend ist auch der Treibhaus-Effekt der Erde sehr gering.

Lieber Merlin,

wie kann die Oberfläche der Venus einem neunzigmal höheren Luftdruck als auf der Erde standhalten? Das entspricht einem Druck von 1 200 Pfund pro Quadratinch! Das muß eine dichte oder tiefe »Luft« oder auch beides sein. Es ist kaum vorstellbar, daß ein Planet soviel Druck aushalten kann. Was passiert hier?

Für einen steinigen Planeten wie die Venus (oder deren »Zwilling«, die Erde) ist es kein Problem, einen Druck von 1 200 Pfund pro Quadratinch auszuhalten. Die äußere 180 Meter dicke Schicht der Venus-Kruste übt auf die inneren Teile des Planeten etwa den gleichen Druck wie die dichte, Hunderte von Kilometern dicke Atmosphäre der Venus aus.

Wenn man aus Stein gemacht ist, macht einem diese Art von Druck nichts aus.

Alarmierend ist die Erkenntnis, daß die Erdatmosphäre sogar einen noch größeren Druck als die Venus hätte, wenn alle Ozeane verdampften und das in Lebensformen »gebundene« Kohlendioxid ganz freigesetzt würde. Ein Schicksal, das durch einen globalen atomaren Holocaust durchaus im Bereich des Möglichen liegt.

Lieber Merlin,
warum ist der Mars rot?

Die Oberfläche des Mars enthält Eisenoxidpartikel (die gewöhnlich als »Rost« bezeichnet werden), die mit den anderen Oberflächenbestandteilen vermischt sind.

Diese prägnante rote Farbe des Planeten inspirierte die Römer, ihn nach ihrem Kriegsgott Mars zu benennen.

Lieber Merlin,

warum ist es auf dem Mars so bitter kalt, wenn seine Atmosphäre doch genau wie die Oberfläche der Venus überwiegend aus Kohlendioxid besteht?

Die nicht so angenehme Atmosphäre des »wunderschönen« Planeten Venus hat einen fünfzehntausendmal höheren Druck als die Mars-Atmosphäre. Durch diese knochenzerschmetternden Umweltbedingungen ist jeder Kubikinch der unteren Venus-Atmosphäre gezwungen, im Vergleich zu einem entsprechenden Kubikinch der unteren Mars-Atmosphäre eine zehntausendmal höhere Menge an Kohlendioxid aufzunehmen.

Auf beiden Planeten hält das Kohlendioxid die Wärme gefangen, aber jetzt wissen Sie, warum die Venus dabei noch wesentlich erfolgreicher ist.

Und wir dürfen auch nicht vergessen, daß die Venus im Durchschnitt nur halb so weit von der Sonne entfernt ist!

Lieber Merlin,

im Astronomieunterricht haben wir gelernt, daß Astronomen aufgrund des Drucks im Innern des Jupiter die Theorie aufgestellt haben, Wasserstoff nehme hier die für uns unbekannte Form von metallischem Wasserstoff an. Ich möchte nun wissen, ob auf der Erde jemals unter Laborbedingungen metallischer Wasserstoff hergestellt (isoliert) wurde, oder ob dieser metallische Wasserstoff nur eine reine Erfindung ist?

Tief im Innern des Jupiter ist der Druck so groß, daß fester molekularer Wasserstoff in festen metallischen Wasserstoff umgewandelt werden kann. Nach dem derzeitigen Stand der Wissenschaft geht man davon aus, daß die metallischen Eigenschaften des komprimierten Wasserstoffes für das starke Magnetfeld um den Jupiter verantwortlich sind.

Diese seltene Form des Wasserstoffs wurde erstmals 1972 von einem Wissenschaftlerteam in Livermore, Kalifornien, hergestellt. Ihr Experiment weist im Ergebnis darauf hin, daß in den inneren Bereichen des Jupiter ein genügend starker Druck herrscht, um metallischen Wasserstoff zu erzeugen.

Lieber Merlin,

ich habe kürzlich gelesen, der Planet Saturn sei so leicht, daß er auf dem Wasser schwimmen kann. Aber wie ist das möglich, da der Planet doch um so vieles größer als die Erde ist?

Wenn Sie eine Badewanne fänden, die groß genug wäre, um den Saturn aufzunehmen, würde er tatsächlich schwimmen.

Die Gasplaneten (Jupiter, Saturn, Uranus und Neptun) weisen nur etwa ein Drittel der Dichte der terrestrischen Planeten (Merkur, Venus, Erde und Mars) auf. Es ist nur ein Zufall, daß die spezifische Dichte des Saturn im Unterschied zur spezifischen Dichte irgendeines anderen Planeten *unter* der spezifischen Dichte von Wasser liegt. Wenn diese Voraussetzung bei irgendeinem – kosmischen oder sonstigen – Objekt erfüllt ist, ist garantiert, daß es schwimmt.

Lieber Merlin,

ich habe kürzlich gelesen, daß die Ringe des Saturn verschwinden, wenn sie von der Erde aus von der Seite, von der Kante her, betrachtet werden. Warum ist das so?

Die Ringe des Saturn werden gerade mal auf eine dürftige Dicke von rund zweiunddreißig Kilometern geschätzt. Wenn sie auf die enorme Entfernung, die der Saturn hat, von der Kante her betrachtet werden, ist es nicht erstaunlich, wenn sie zu verschwinden scheinen. Es ist, als wollte man auf die Entfernung von 650 Kilometer ein Groschenstück erkennen.

Als Merlins guter Freund Galileo Galilei im Jahre 1610 erstmals das »Verschwinden« der Saturn-Ringe beobachtete, meinte er verdrossen: »Kann der Saturn seine Kinder verschlungen haben?«

Lieber Merlin,

ich weiß, daß Neptun derzeit der entfernteste Planet im Sonnensystem ist. Wann wird Pluto diese Auszeichnung wieder bekommen?

Die fragwürdige Ehre, der »abgelegenste« Planet im Sonnensystem zu sein, wird Pluto am 10. Februar 1999 um 6 Uhr und 29 Minuten und 19 Sekunden wieder zuteil werden.

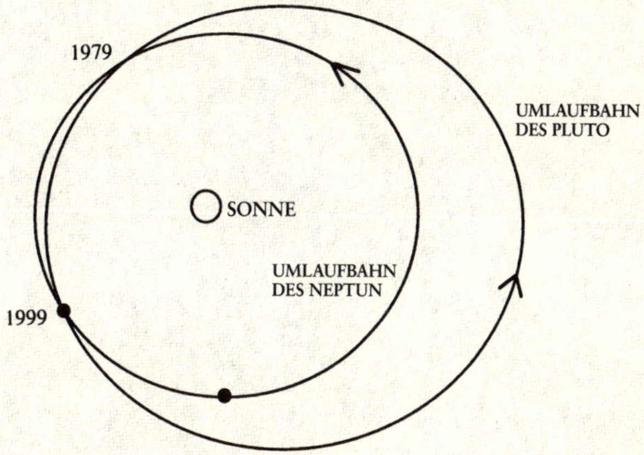

Pluto hat im Vergleich zu Neptun eine größere durchschnittliche Entfernung zur Sonne. Aufgrund seiner abgeflachten Umlaufbahn wird Pluto jedoch von den 248 Jahren, die er für eine Umkreisung der Sonne braucht, für die Dauer von zwanzig Jahren näher an die Sonne herangeführt.

Lieber Merlin,

was ist Pluto – ein Planet, ein Planetoid oder ein Komet? Was wäre das maßgebende Kriterium, wenn Pluto auf den Status eines Asteroiden degradiert werden sollte?

Merlin hat im Laufe der Jahre festgestellt, daß es viele Menschen gibt, die Pluto gerne auf einen »-oid«-Status degradieren möchten.

Pluto ist jedoch doppelt so groß wie Ceres, der größte bekannte Asteroid, und fünfzigmal größer als die größten Kometen. Und wenn wir bedenken, daß Pluto einen eigenen Satelliten hat, bekommt er definitiv Merlins Stimme, daß ihm uneingeschränkt der Rang und die Privilegien eines »Planeten« zuerkannt werden.

Lieber Merlin,

wie wußten die Astronomen, wie lange Uranus, Neptun und Pluto für eine Reise um die Sonne brauchen, nachdem man sie entdeckt hatte?

Merlin stattete im Jahre 1619 dem deutschen Mathematiker Johannes Kepler einen Besuch ab. Und zwar bald, nachdem dieser sein drittes Gesetz der Planetenbewegung formuliert hatte.

Merlin fragte ihn: »Johannes, wozu ist dieses Gesetz, das Sie gerade formuliert haben, gut?«

»Merlin, mit diesem Gesetz kann man natürlich die Umlaufzeiten aller Planeten, einschließlich der Erde, berechnen«, antwortete Kepler bescheiden. »Alles, was man dazu wissen muß, ist die durchschnittliche Entfernung, die ein Planet zur Sonne hat.«

»Und dann?«

»Nach meinem dritten Gesetz der Planetenbewegung«, fuhr Kepler fort, »verhalten sich die Quadrate der Umlaufzeiten der Planeten wie die Kuben (dritte Potenzen) ihrer mittleren Entfernungen von der Sonne.«

»Wie haben Sie das festgestellt?«

»Merlin«, hob Kepler in einem Ton voller Frustration an, »ich habe fünfzehn Jahre an diesem orbitalen Problem gearbeitet. Ich bin dabei immer wieder davon ausgegangen, daß es irgendeine mathematische Verbindung zwischen den *fünf* geometrischen Körpern und den *fünf* Planeten am Himmel gibt.«

Merlin blickte ihn ebenso erstaunt wie verwirrt an: »?!«

»Ich habe diese Idee schließlich fallengelassen«, erklärte Kepler weiter, »weil sie, einfach gesagt, nicht funktionierte. Die von mir genutzten planetarischen Daten waren ausgezeichnet. Tycho Brahe, der große dänische Astronom und Sternenbeobachter, hatte sie mir vermacht. In seinem Observatorium Uranienborg zeichnete er peinlich genau die Bewegungen der Planeten am Himmel auf. Ich ließ *mir* schließlich von den Daten *sagen*, wie das Sonnensystem funktioniert, nicht umgekehrt. Und mein drittes Gesetz ist das natürliche Ergebnis.«

»Es ist ein beeindruckendes Gesetz«, meinte Merlin.

»Es kann vielleicht sogar für Planeten gelten, die erst noch zu entdecken sind«, mutmaßte Kepler.

Kepler ahnte kaum, daß sein Gesetz für alle Planeten, alle Asteroide, alle Kometen und alles, was an Trümmern und Bruchstücken um die Sonne im Umlauf ist, gelten würde. Als Uranus, Neptun und Pluto entdeckt wurden, war es ein leichtes, ihre Umlaufzeiten zu berechnen, nachdem erst einmal ihre mittlere Entfernung zur Sonne bestimmt war – eine wesentlich einfachere Methode, als mit der Stoppuhr einige Jahrhunderte zu warten, bis diese äußeren Planeten eine Umkreisung der Sonne vollendet haben.

Lieber Merlin,

warum rotieren die Planeten Venus, Uranus und Pluto in einem retrograden Sinn, also entgegen der allgemeinen Drehrichtung im Sonnensystem? Gibt es da möglicherweise eine Verbindung zwischen diesen fernen Planeten?

Es ist sehr wahrscheinlich, daß diese drei Planeten in der Frühzeit des Sonnensystems von einem großen Asteroiden angeschlagen wurden. Ein solches Ereignis könnte leicht, wenn es nur heftig genug war, die Achse eines Planeten hochkant gestellt und so für eine »retrograde« Rotation gesorgt haben.

Lieber Merlin,

wenn unsere Sonne am Ende ihrer Lebenszeit zu einem roten Überriesen geworden ist und alle Planeten bis zum Mars verschlingen wird, was wird dann mit all den Planeten von Jupiter bis zu Pluto geschehen?

Bei den Gastitanen des Sonnensystems, Jupiter, Saturn, Uranus und Neptun, wird dann wahrscheinlich ihre gewaltige Atmosphäre in den interplanetaren Raum verdampfen. So daß am Ende ein winziger fester Kern aus schweren Elementen etwa von der Größe der Erde bloßgelegt wird.

Einige der neuesten Theorien über die Zusammensetzung von Pluto sprechen von einem Ball aus gefrorenem Methan (dem in Haushaltsgasherden verwendeten Gas), Ammoniak und Wasser. Wenn das stimmt, wird Pluto einfach schmelzen und vollständig verdampfen!

Lieber Merlin,
welches ist der größte Mond im Sonnensystem?

Das ist eine Frage des Foto-Finishs zwischen dem Jupiter-Mond *Ganymed* mit einem Durchmesser von 5 262 Kilometern und dem Saturn-Mond *Titan* mit einem Durchmesser von 5150 Kilometern.

Der Mond der Erde (der einzige Mond im Sonnensystem, der den Namen »Mond« trägt) kommt mit einem Durchmesser von 3476 Kilometern an sechster Stelle.

Lieber Merlin,

über wie viele Monde verfügen nach aktueller Zählung die einzelnen Planeten in unserem Sonnensystem?

Bei den neun bekannten Planeten sind insgesamt sechzig Monde bekannt.

Merkur hat keinen Mond,
und ebensowenig die Venus.
Aber die Erde hat natürlich einen
und der Mars sogar zwei.

Der mächtige Jupiter kann sogar
mit sechzehn Monden protzen.
Den Rekord hält jedoch Saturn
mit siebzehn – großen und kleinen.

Mit seinen fünfzehn Monden hält auch
Uranus einige in seinem Bann.
Und mit Plutos einem Mond und Neptuns acht
haben wir die sechzig dann voll.

Lieber Merlin,

am 15. August 1987 fand ein Ereignis statt, das als »Harmonische Konvergenz« bezeichnet und in den Medien reichlich bedacht wurde. Offensichtlich handelte es sich dabei um ein seltenes astronomisches Ereignis, das nur alle 26000 Jahre eintritt und bei dem die Menschheit um Frieden beten soll. Ich habe gehört, daß die Azteken dieses Ereignis vorhergesagt haben sollen und daß es von großer Bedeutung sein sollte. Handelt es sich dabei tatsächlich um ein astronomisch seltenes Ereignis oder lediglich um einen Schwindel?

Ein Ereignis kann selten sein, ohne interessant zu sein. Für *jeden* Augenblick gilt zum Beispiel, daß sich die jeweils relative Ausrichtung aller Planeten eine Billion Jahre lang nicht wiederholen wird. Nach diesem Maßstab ist jeder Tag »selten«.

Dem Tag, den Sie sich aussuchen, um zu feiern, zu beten, sich Sorgen zu machen oder zu singen, können Sie jede beliebige Bedeutung beimessen; aber am 15. August 1987 gab es nichts, was astronomisch außergewöhnlich oder interessant gewesen wäre.

Kapitel 4

Asteroide, Kometen und Meteore

Asteroide, Kometen und Meteore haben alle eines gemeinsam: Sie sind »Überbleibsel« der ursprünglichen Gaswolke, der Urmaterie, aus der die Sonne und die Planeten entstanden. Asteroide sind schroffe Gesteinsbrocken. Kometen sind Bälle aus Schmutz, Eis und gefrorenen Gasen. Und unter Meteoren wird ganz einfach all das verstanden, was aus dem Weltraum herunterfällt und beim Eindringen in die Erdatmosphäre aufleuchtet.

Asteroide sind überall im Sonnensystem zu finden, vor allem jedoch in einem dichten Gürtel zwischen Mars und Jupiter, in dem sie um die Sonne kreisen. Ganz in der Tradition der Astronomen, die auf sprachliche Einfachheit bedacht sind, wird dieser Gürtel daher schlicht »Asteroidengürtel« genannt.

Die meisten Kometen verdanken ihren Ursprung einer fernen »Wolke« aus gefrorenen Teilchen, die noch jenseits von Pluto liegt. Auf die Existenz dieser Wolke hat erstmals der dänische Astronom Jan Oort hingewiesen, so daß sie sinnigerweise auch nach ihm benannt und als »Oortsche Wolke« bekannt ist. Gelegentlich zieht ein Komet aus Gründen, die noch nicht ganz geklärt sind, auf einer elongierten Umlaufbahn ins Innere des Sonnensystems, der Sonne entgegen, wodurch er ins Blickfeld der Erdenbewohner gerät.

Asteroide und Kometen werden nach ihren Entdekkern benannt. Wenn Meteore länger als nur die ein oder zwei Sekunden, in denen sie in der Atmosphäre aufleuchten, sichtbar wären, hätten sie im Zweifel ebenfalls Namen.

Lieber Merlin,
wie viele Asteroide gibt es? Welche Namen haben sie? Gibt es mehr Asteroide als Planeten?

Es gibt Hunderttausende von Asteroiden in und um den Asteroidengürtel. Die neu entdeckten Asteroiden werden jedoch nur noch katalogisiert, wenn ihre Umlaufbahnen exakt berechnet werden können. Als Merlin das letzte Mal nachsah, war die Zahl der namentlich benannten Asteroiden bereits auf über fünftausend gestiegen, während es immer noch nur neun namentlich benannte Planeten gab. Im Gegensatz zu den Planeten ist jeder katalogisierte Asteroid auch numeriert.

Viele Asteroide heißen nach mythologischen Personen:
2101 Adonis
2063 Bacchus
55 Pandora
1404 Ajax,

andere nach mythologischen Orten:
1260 Walhalla
1198 Atlantis
2952 Lilliput
1282 Utopia.

Einige sind nach Städten benannt:
3317 Paris

2830 Greenwich
2171 Kiew
2224 Tucson,

während andere nach Ländern benannt sind:
469 Argentinien
1432 Äthiopien
2575 Bulgarien
2169 Taiwan.

Viele sind nach berühmten Musikern benannt:
1814 Bach
1815 Beethoven
1034 Mozart
2266 Tschaikowski

andere nach Merlins guten Freunden:
662 Newton
2001 Einstein
697 Galileo
1288 Santa.

Und viele andere sind nach nicht so berühmten Personen benannt:
1744 Harriet
2335 James
779 Nina
1716 Peter.

Aber Merlins Lieblingsasteroid von allen ist natürlich:
2598 Merlin.

Lieber Merlin,

ich habe 1910 den Halleyschen Kometen gesehen, ein phantastischer Anblick. Wieso kehrt der Komet nach einer Reise von Milliarden von Kilometern durchs All immer wieder zurück, um seinen Bogen um die Sonne zu machen? Was hat sich seit 1910 ereignet? Gibt es keine andere Gravitation im Weltraum, die ihn abfangen könnte?

Seit 1910 ist auf der Erde viel passiert:

- Einstein entwickelte die Relativitätstheorie (1915).
- Edwin Hubble bestätigte die Existenz anderer Galaxien und entdeckte das expandierende Universum (in den zwanziger Jahren).
- Clyde Tombaugh entdeckte Pluto (1930).
- Chuck Yeager durchbrach die »Schallmauer« (1947).
- Der erste *Sputnik* wurde gestartet (1957).
- Neil Armstrong ging auf dem Mond spazieren (1969).
- Eine *Venera*-Raumsonde landete weich auf der Venus (1972).
- Eine *Viking*-Raumsonde landete weich auf dem Mars (1976).
- Eine *Pionier*-Raumsonde »verließ« das Sonnensystem (1983).
- Der Halleysche Komet kehrte wieder zur Sonne zurück (1986).

Wir hätten den Halleyschen Kometen verloren, wenn er zu nahe an dem nahegelegensten Stern vorbeigezogen wäre. Aber der nahegelegenste Stern ist siebentausendmal weiter entfernt als der äußerste Teil der vom Halleyschen Kometen beschriebenen Umlaufbahn. Die Gravitation der Sonne hat ihre ganze Planeten- und Kometenbrut fest im Griff.

Wenn Sie den Halleyschen Kometen im Jahr 2061 zum dritten Mal sehen, denken Sie daran, daß der Komet in der Zwischenzeit, von jetzt bis dahin, seiner abgeflachten elliptischen Umlaufbahn gefolgt ist, die ihn immer wieder zur Sonne zurückbringt.

Lieber Merlin,

ich habe unlängst gelesen, daß der Halleysche Komet im Jahr 2061 fünfmal heller sein soll. Wieso?

Die Helligkeit eines Kometen am Himmel hängt von vielen Faktoren ab. Zuerst und zuvorderst hängt sie jedoch von der jeweiligen Entfernung zwischen dem Kometen und der Erde ab.

Am düstersten ist die Situation, wenn die Erde sich auf der »falschen Seite« der Sonne befindet – zu dem Zeitpunkt, da der Komet das Perihel, den sonnennächsten Punkt in seiner Umlaufbahn, erreicht, wie es beim letzten Besuch des Halleyschen Kometen war. Im Jahr 2061 wird die Erde dem Halleyschen Kometen bei seinem Periheldurchgang etwas näher als 1986 sein. So daß der Komet dann auch heller erscheinen wird.

Die größte Helligkeit wird erreicht, wenn sich die Erde zusammen mit dem Kometen zu dem Zeitpunkt, da dieser das Perihel erreicht, auf der gleichen Seite der Sonne befindet. Das war 1910 der Fall, als die Erde zufällig durch den Schweif des Kometen Halley lief.

Lieber Merlin,

bei all den Informationen, die über den Halleyschen Kometen verfügbar sind, ist mir aufgefallen, daß andere Planeten, die ebenso wiederkehren, nie erwähnt werden. Können Sie eine Liste der Top-Five-Kometen, die nach dem Halleyschen kommen, präsentieren?

Es gibt zwei Kategorien von Kometen. Ein Typ, die sogenannten *periodischen Kometen*, sind diejenigen, die in einem »angemessenen« Zeitraum auf ihrer Bahn um die Sonne wiederkehren.

Hier ist nun eine Liste von einigen periodischen Kometen:

Name:	*Entdeckt:*	*Umlaufperiode (in Jahren):*
Encke	1786 I	3,3
Tempel (2)	1873 II	5,26
Faye	1843 III	7,41
Kearns-Knee	1963 VIII	9,01
Tempel-Tuttle	1866 I	32,91
Halley	1682 I	76,09

Periodische Kometen sind in der Regel nicht sehr hell. Alle aus der vorgenannten Liste sind, abgesehen von dem Halleyschen, tatsächlich für das ungeübte Auge nur selten sichtbar.

Der andere Typ von Kometen, die sogenannten

neuen Kometen, sind diejenigen, die entweder nie mehr zurückkehren oder in einer unangemessen langen Zeitspanne – etwa vielen Tausenden von Jahren. Das ist Merlins Lieblingskategorie, da in jedem Jahrzehnt wenigstens ein oder zwei neue Kometen entdeckt werden, die für das ungeübte Auge sichtbar sind.

Einige der bemerkenswerten aus jüngerer Zeit finden Sie in der Reihenfolge ihrer Entdeckung in der nachfolgenden Liste:

Name:	*Entdeckt:*
Arend-Roland	1957 III
Humanson	1962 VIII
Ikeya-Seki	1965 VIII
Bennett	1970 II
Kohoutek	1973 VII
Hyakutake	1995
Hale-Bopp	1997

Wenn sich an den Statistiken über die Entdeckung von Kometen nichts ändert, wird eine Person mit einer durchschnittlichen Lebenserwartung den Halleyschen Kometen (ohne Teleskop) einmal und außerdem zehn bis zwanzig neue Kometen sehen können.

Lieber Merlin,

wenn ein periodischer Komet bei jeder Schweifbildung einen Teil seiner gefrorenen Masse aufbraucht, was verhindert dann eigentlich, daß er kleiner wird?

Nichts.

Ein Komet verliert mit jeder Sonnenumrundung durch die Gase und Partikel, die dabei verdampfen und sich verflüchtigen, an Masse. Diese verdampfenden Gase sind für die sichtbare Koma und den Schweif des Kometen verantwortlich.

Einigen Schätzungen zufolge verlor der Komet Kohoutek 1973 VII sage und schreibe eintausend Tonnen Masse pro Sekunde. Angesichts einer Gesamtmasse von Hunderten Milliarden Tonnen geht Merlin jedoch davon aus, daß Kohoutek noch viele Male glücklich wiederkehren wird. (Wobei Sie seinen nächsten Besuch im Zweifel allerdings versäumen werden, da er eine Umlaufperiode von rund fünf Millionen Jahren hat.)

Bezeichnend für kurzperiodische Kometen ist demgegenüber, daß sie nur einen schwachen Schweif produzieren. Sie haben die Sonne so viele Male umkreist, daß bei ihnen außer Gestein und Schmutz nichts mehr übriggeblieben ist.

Es ist davon auszugehen, daß einige Kometen sich schon ganz aufgelöst haben. Denn der Geminiden-Meteorschauer kann zum Beispiel nicht irgendeinem bekannten Kometen zugeschrieben werden; es wird vielmehr angenommen, daß es sich dabei um das Innere eines Kometen handelt, der die Sonne zu oft umrundet hat.

Lieber Merlin,
was verursacht Meteorschauer?

Bei ihrer jährlichen Reise um die Sonne muß sich die Erde tagtäglich ihren Weg durch interplanetare Trümmer von über eintausend Tonnen bahnen. Wenn diese Trümmer in die Atmosphäre eindringen und von der Gravitation der Erde angezogen werden, erhitzen sie sich aufgrund der Reibung und Schockwellen, so daß sie glühen und leuchten und sich dann auflösen. Wenn die Teilchen, aus denen sich diese Trümmer zusammensetzen, hell genug leuchten, um auch vom ungeübten Auge gesehen zu werden, bezeichnen wir sie als *Meteore*.

Die Last dieser täglichen Zusammenstöße hat stets die der Umlaufrichtung zugewandte Seite der Erde zu tragen. (Was insbesondere für die Stunden zwischen Mitternacht und Mittag gilt.) Gäbe es die schützende Hülle der Erdatmosphäre nicht, hätten wir zweifellos alle eine Meteorkollisionsversicherung.

Die Erde kommt auf ihrer Umlaufbahn gelegentlich in einen Bereich, in dem es mehr Trümmer und Bruchstücke als in anderen Bereichen gibt. Bei einem übermäßig starken Trümmervorkommen wird vielfach davon ausgegangen, daß es sich dabei um die Auflösungsprodukte oder Überreste von Kometen handelt, welche die Umlaufbahn der Erde gekreuzt haben. Diese Erscheinungen werden als *Meteorschauer* bezeichnet und jeweils nach dem Sternbild am Himmel benannt, von dem sie auszugehen scheinen.

Die nachfolgende Liste zeigt einige der jährlich auftretenden Meteorschauer:

Name:	*Spitzenzeiten der Schauer:*	
Quadrantiden	Januar	3./ 4.
Lyriden	April	21./22.
Eta-Aquariden	Mai	4./ 5.
Delta-Aquariden	Juli	27./28.
Perseiden	August	11./12.
Orioniden	Oktober	20./21.
Tauriden	November	8./ 9.
Leoniden	November	16./17.
Geminiden	Dezember	13./14.

Lieber Merlin,

vor einiger Zeit habe ich in diesem Jahr mit zwei Freundinnen eines Abends in der Dämmerung am Himmel ein großes feuerrotes Objekt beobachtet. Es zerfiel bald in kleinere Teile, von denen jedes einen langen leuchtenden Streifen am Himmel hinterließ. Diese waren etwa zwanzig Sekunden zu sehen, bis sie allmählich über dem Horizont erloschen. Haben wir einen Meteor gesehen?

Merlin ist froh, daß Sie noch andere Zeugen hatten. Denn es ist oft quälend, wenn man allein Zeuge eines spektakulären, seltenen Ereignisses war und niemand einem glaubt, wenn man erzählt, was man gesehen hat, so daß man anfängt, am eigenen Verstand zu zweifeln.

Es gibt einen Typ von Meteor, der als *Bolid* bezeichnet wird. Typisch für ihn ist seine feuerrote Erscheinung, die am Ende seines Anflugweges von einer Explosion begleitet wird. Wenn der Meteor groß genug war, ist es, wenn er explodiert, nur wahrscheinlich, daß er in kleinere, glühende Bruchstücke zerfällt. Meteore, die durch die Atmosphäre streifen, halten sich in der Regel erheblich länger (bis zu einer Minute) als ihre senkrecht, steil herabfallenden Cousins, die vielleicht nicht einmal eine Sekunde leuchten.

Eine aufregendere Erscheinung wäre es jedoch, wenn Sie die Auflösungsspur eines toten Satelliten bei seinem Wiedereintritt in die untere Erdatmosphäre miterlebt hätten. Es gibt Hunderte von künstlichen Satelliten, welche die Erde umkreisen. In der fünfzigjährigen Geschichte der Satellitentechnologie sind viele wieder in die Erdatmosphäre eingetreten.

Nach Ihrer Beschreibung würde Merlin jedoch annehmen, daß Sie einen Boliden gesehen haben.

Kapitel 5

Die Sonne

Die Sonne ist ein relativ gewöhnlicher Stern. Sie ist weder der größte noch der kleinste, noch der heißeste, noch der kälteste von allen Sternen in der Galaxis. Trotz alledem ist die Sonne mehr als eine Million mal größer als die Erde und viel zu heiß, als daß man ihr einen Besuch abstatten könnte. Sie ist die direkte und indirekte Energiequelle allen Lebens auf der Erde wie auch die direkte und indirekte Quelle aller fossilen Brennstoffe. In der Fachsprache der Astronomen ist die Sonne als Spektraltyp G2 der Leuchtkraftklasse V klassifiziert. (Der kältere Planet Draziw ist als K2V klassifiziert.) Diese Klassifikation zeigt die Farbe, Oberflächentemperatur und die Größe eines Sterns an.

Die Sonne ist ein turbulenter Ort. Eine nähere Untersuchung ihrer sichtbaren Oberfläche zeigt, daß sie sich ruhelos und unablässig verändert. Fortwährend werden hochenergiegeladene Elementarteilchen freigesetzt. Der Sonnenäquator dreht sich schneller als die Polgebiete und hat entsprechend schneller eine Umdrehung abgeschlossen, was zu einer Verdrehung und Dehnung der Magnetfeldlinien an der Oberfläche führt. Des weiteren tauchen dunkle Flecken, die »Sonnenflecken«, auf und verschwinden dann bei ihrer Wanderung über die Sonnenoberfläche wieder. Und von Zeit zu Zeit werden glühende Gase in Form von

Plasmawolken hochgeschleudert, die als »Protuberanzen« bezeichnet werden.

Aber bei all diesen Aktivitäten geht es im Vergleich zu dem, was in fünf Milliarden Jahren auf der Sonne los sein wird, noch erstaunlich ruhig zu.

Lieber Merlin,
wie heiß ist die Sonne?

Auf der Temperaturskala deckt die Sonne ein Spektrum von ungemütlichen 10 000 000° Celsius in ihrem Kern bis zu lauen rund 5 500° Celsius an ihrem sichtbaren Rand ab.

Die äußerste Hülle der Sonne, die »Korona«, hat mit ihrer extrem geringen Dichte schätzungsweise eine Temperatur von satten 2 200 000° Celsius.

Lieber Merlin,

mir ist gesagt worden, die Sonnenkorona hätte eine Temperatur von mehreren Millionen Grad Celsius, während an der sichtbaren Sonnenoberfläche lediglich eine Temperatur von rund 5 500° Celsius herrschen würde. Wie kann das sein? Eigentlich wäre doch davon auszugehen, daß die Temperatur abnimmt, je weiter man sich von der Wärmequelle entfernt.

Detaillierte Untersuchungen des Sonnenspektrums haben am sichtbaren Sonnenrand schnelle Oszillationen und Pulsationen gezeigt, die Schockwellen durch die Korona senden. Diese Schockwellen oder elektrischen Ströme stellen einen effizienten Aufheizungsmechanismus dar, der die Korona mit ihrer extrem geringen Dichte auf einer Temperatur von 2 200 000° Celsius hält.

Lieber Merlin,
wie erzeugt die Sonne ihre Energie?

Nach Einsteins berühmter Gleichung $E = m c^2$ (Energie ist gleich Masse mal Lichtgeschwindigkeit im Quadrat) wandelt die Sonne pro Sekunde über fünf Millionen *Tonnen* Materie in Energie um.

Diese wahrliche Großleistung wird im 10 000 000° Celsius heißen Kern der Sonne durch den Proton-Proton-Zyklus erbracht, bei dem die Kerne von vier Wasserstoffatomen in den Kern eines Heliumatoms umgewandelt werden.

Lieber Merlin,

was ist unter »Sonnenwind« zu verstehen, und wie schnell bewegt er sich durch das All?

Die Sonne verliert pro Sekunde etwa eine Million Tonnen Masse, die in Form von Wasserstoff- und Heliumatomkernen sowie Elektronen, die sich mit hohen Geschwindigkeiten bewegen, der äußeren Hülle, der Korona, entweichen. Diese geladenen Teilchen erreichen die Erde mit einer Geschwindigkeit von rund 400 Kilometern pro Sekunde und werden in ihrer Gesamtheit als »Sonnenwind« bezeichnet.

Der Druck dieses Sonnenwindes sorgt im übrigen dafür, daß der Schweif von Kometen, ungeachtet der Richtung, in der sich der Komet bewegt, von der Sonne wegzeigt.

Lieber Merlin,

wie sieht es dieser Tage mit den Sonnenflecken aus? Seit ich einmal einen Artikel über den Einfluß der Sonnenflecken auf die Börsenkurse gelesen habe, halte ich ständig die Augen offen, ob ich irgendwo irgendwelche Daten darüber finde, was aber nur selten der Fall ist. Wo stehen wir bei dem derzeitigen Zyklus?

Die Menschen versuchen immer, menschliche irdische Ereignisse mit kosmischen Vorgängen in Verbindung zu bringen. Was vielleicht damit zu erklären ist, daß sie nicht verantwortlich sein und lieber dem Universum die Schuld zuschieben möchten.

Was den Zyklus angeht, so war im Jahr 1987 ein »Sonnenfleckenminimum« zu verzeichnen. Und in den darauffolgenden fünf bis sechs Jahren näherte die Sonne sich wieder einem »Sonnenfleckenmaximum«, womit sie die Hälfte ihres elfjährigen Zyklus hinter sich gebracht hat.

Lieber Merlin,

vor einiger Zeit habe ich einen sehr interessanten Artikel über unser Sonnensystem gelesen. Darin hieß es, daß die Sonne über neunzig Prozent der Masse des Sonnensystems auf sich vereinigt, aber dennoch über neunzig Prozent des Drehimpulses des Systems bei den Planeten zu finden sind. Das scheint doch eine erstaunliche Feststellung zu sein. Im übrigen möchte ich auch gerne wissen, wie jemand den Drehimpuls des Sonnensystems bestimmen kann. Und ich bin gespannt, welche Erklärung Sie für diese scheinbar unmögliche Feststellung haben.

Der Drehimpuls kann als die Masse eines Körpers multipliziert mit seiner Umlaufentfernung und multipliziert mit seiner Umlaufgeschwindigkeit dargestellt werden:

Drehimpuls = Masse x Umlaufentfernung x Umlaufgeschwindigkeit

Diese Gleichung funktioniert bei kreisförmigen Umlaufbahnen und wird bei etwas abgeflachten elliptischen Umlaufbahnen leicht modifiziert. Jede Größe, die rechts vom Gleichheitszeichen steht, spielt mit eine Rolle dabei, wie groß der Drehimpuls ist.

Danach können Sie sehen, daß Sie, selbst wenn Ihre Masse im Vergleich zur Sonne klein ist, einen großen Drehimpuls haben können, wenn nur Ihre Umlaufentfernung groß genug ist. Wenn wir diese Gleichung bei jedem der neun bekannten Planeten anwenden und die Ergebnisse addieren, kommen wir schnell auf den besagten großen Anteil, der den Planeten beim Drehimpuls des Sonnensystems zugeschrieben wird.

Lieber Merlin,

jedes Jahr fällt mir auf, daß die Sonne nach dem Herbstäquinoktium im September mehrere Tage zur gleichen Zeit (morgens bzw. abends) auf- und untergeht. Warum gibt es zum Zeitpunkt des Äquinoktiums keine Tagundnachtgleiche? Warum die Verspätung?

Äquinox (wörtlich: »gleiche Nacht«) bedeutet eigentlich, daß es auf der ganzen Erde jeweils zwölf Stunden Tageslicht und zwölf Stunden Dunkelheit gibt. Zwei wichtige Faktoren verhindern jedoch, daß Sie dieses Phänomen tatsächlich zum Zeitpunkt des Äquinoktiums erleben.

1. Der Sonnenaufgang ist offiziell der Zeitpunkt, an dem die Sonne mit dem oberen Rand über dem Horizont erscheint. Der Zeitpunkt des Sonnenuntergangs sollte demnach der Augenblick sein, in dem der untere Rand der Sonne gerade unter dem Horizont untertaucht – dem ist jedoch nicht so. Er ist offiziell als die Zeit definiert, wenn der letzte Rest der Sonne unter dem Horizont untertaucht.
2. Die Erdatmosphäre krümmt das Sonnenlicht (so wie ein Stift gekrümmt erscheint, der halb in ein Glas Wasser eingetaucht wird), so daß der eigentliche Sonnenaufgang und Sonnenuntergang in Wirklichkeit rund fünf Minuten eher eintreten, als Sie es sehen können.

Diese beiden Faktoren bewirken im Endeffekt, daß den zwölf Stunden Tageslicht, die Sie eigentlich zum Zeitpunkt des Äquinoktiums bekommen sollten, faktisch Sonnenlicht »hinzugefügt« wird. Was dazu führt, daß das »visuelle« Äquinoktium in der Regel somit einige Tage *nach* dem offiziellen Herbstäquinoktium und einige Tage *vor* dem offiziellen Frühlingsäquinoktium stattfindet.

Lieber Merlin,

was ist unter der solaren retrograden Bewegung zu verstehen? Ich habe unlängst etwas davon gehört, bin aber nicht sicher, ob ich es verstanden habe.

Im Sonnensystem kreist jeder Körper um das Massenzentrum des Sonnensystems. (Wäre das Sonnensystem – einschließlich der Sonne – in ein kosmisches Tablett gebettet, so wäre das Massenzentrum der Punkt, bei dem Sie das Tablett auf einem Finger balancieren könnten, um es im Gleichgewicht zu halten.)

Das Massenzentrum ist relativ nahe am Zentrum der Sonne. Meistenteils befindet es sich tief in der Sonnenoberfläche. Und die Planeten und die Sonne beschreiben normalerweise systematische Schleifen um dieses Massenzentrum. Die Planeten haben jedoch alle unterschiedliche Massen, unterschiedliche Entfernungen und unterschiedliche Umlaufgeschwindigkeiten. Und so begegnen wir etwa alle einhundertachtzig Jahre einer Planetenkonstellation, bei der die Sonne das Massenzentrum bei einer Runde, die sie dreht, nicht miteinschließt.

Vom Massenzentrum des Sonnensystems aus betrachtet, scheint die Sonne sich etwa zwanzig Jahre in die entgegengesetzte Richtung – »retrograd« – zu bewegen.

Es gibt einige Theorien, die davon ausgehen, daß diese retrograde Periode die Sonnenaktivität anregt und somit die Sonnenfleckenzahl über die erwarteten Zahlen hinaus erhöht. Diese Theorien sind jedoch erst noch zu beweisen.

Lieber Merlin,

ist es einfach ein Zufall, daß der Mond die gleiche Größe wie die Sonne am Himmel hat, wenn man sie von der Erdoberfläche aus betrachtet?

Ja.

Lieber Merlin,
warum soll es so gefährlich sein, eine Sonnenfinsternis zu beobachten?

Es ist immer gefährlich, die Sonne mit bloßem, ungeschütztem Auge anzusehen.

Bei einer Sonnenfinsternis laufen die Menschen oft gerne nach draußen, um sich das Ereignis anzusehen, ohne jedoch daran zu denken, daß sie ihre Augen schützen müßten. Und so wird immer wieder vor den Gefahren einer Sonnenfinsternis gewarnt.

Sähen sich die Leute aus irgendeinem Grund jeden Tag veranlaßt, nach draußen zu laufen, um mit weit aufgerissenen Augen die Sonne anzustarren, wären schlechterdings täglich entsprechende Warnungen vonnöten.

Lieber Merlin,

wenn die Sonne mit einemmal plötzlich verschwände, wieviel Zeit hätten wir, darüber nachzudenken?

Wenn die Sonne, während Sie das hier lesen, verschwinden würde, wüßte die Erde (und wüßten Sie) fünfhundert Sekunden nichts davon. Solange bräuchten das Licht und die Gravitation, um mit einer Geschwindigkeit von 299 783 Kilometer in der Sekunde den orbitalen Radius der Erde zu erreichen.

In dem Augenblick würde sich dann der Taghimmel verfinstern, die Oberflächentemperatur rapide abkühlen und die Erde unvermittelt »davonfliegen« – und sich im interstellaren Raum verlieren.

In den fünfhundert Sekunden, die Ihnen geblieben wären, um über Ihr Schicksal nachzudenken, hätten Sie *nicht* einmal gewußt, daß Sie eigentlich über Ihr Schicksal hätten nachdenken sollen... und danach wäre es zu spät!

Lieber Merlin,

mir wurde erzählt, daß die Sonne, wenn sie stirbt, zu einem roten Überriesen wird. Was wird mit der Erde geschehen, wenn das passiert?

Wir gehen davon aus, daß die Sonne in ungefähr fünf Milliarden Jahren von heute aus gerechnet in die rote Überriesenphase eintritt, wenn sie in ihrem Kern ihren Wasserstoffbrennstoff erschöpft hat. An diesem Punkt werden sich die äußeren Schichten der Sonne soweit ausdehnen, daß sie ein Tausendfaches ihres heutigen Durchmessers erreichen und die inneren Planeten – Merkur, Venus, Erde und Mars – verschlingen. Mit dem damit verbundenen Anstieg der Oberflächentemperatur auf ca. 2760° Celsius werden die Ozeane der Erde verdampfen und sich im Weltraum verflüchtigen. Nach Merlins Schätzungen wären solche Bedingungen für ein Leben ganz und gar ungeeignet.

Es gibt allerdings keinen Grund, sich deswegen furchtbar aufzuregen, da Sie mit Sicherheit nicht so lange leben werden.

Lieber Merlin,
was würde mit der Erde passieren, wenn die Sonne zur Supernova würde?

Es ist ein Glück für die Erdenbewohner, daß es bei der Sonne unwahrscheinlich ist, daß sie je zur Supernova wird. Ihre Masse erfüllt bei weitem nicht die Voraussetzungen, daß in ihrem Kern jene Kernfusionsreaktionen ausgelöst werden, bei denen aus Wasserstoff und Helium schließlich Eisen entsteht – was bei vielen Supernovae der entsprechende Katalysator ist.

Aber wenn Sie sich so etwas dennoch gerne vorstellen möchten, sei gesagt, daß die Sonne bei einer Explosion kosmischen Ausmaßes ihre Leuchtkraft um ein Milliardenfaches erhöhen würde. Dabei würden die inneren Bereiche der Sonne (die bei diesem Szenario treffend als »Innereien« bezeichnet werden) in alle Richtungen durch den interplanetaren Raum katapultiert, den sie so mit den Myriaden schweren Elementen, die im Kern erzeugt wurden, bereichern würden.

Bei all diesen Aktivitäten würde die ganze Erde dann einfach zerstäuben und verdampfen.

Lieber Merlin,

die Planeten kreisen um die Sonne. Wie ich es verstehe, hat die Sonne ihre eigene Umlaufbahn um die Galaxis, die senkrecht zu den Planeten verläuft. Wie kann das sein?

Um ein richtiges Bild zu bekommen, müssen Sie bedenken, daß sich die Sonne und die Planeten mit exakt derselben Geschwindigkeit um das Zentrum der Milchstraße, der Galaxis, bewegen. Bei dieser gemeinsamen Reise kreisen die Planeten dann auch noch zusätzlich um die Sonne. Das heißt, daß sie gleichzeitig in der Tat zwei Umkreisungen vollführen.

Da die Ebene des Sonnensystems fast senkrecht zur Bahn des Sonnensystems um das galaktische Zentrum verläuft, können wir uns die Planeten wie auf Bahnen vorstellen, bei denen sie den Windungen einer kosmischen Spirale (von der Form einer Sprungfeder) folgen, und die Sonne sich dabei auf ihrer Linie im Zentrum entlang bewegt.

Kapitel 6

Sterngucker

Blick auf, lieber Freund,
Was siehst du?
Ich sehe Autos und Straßenlaternen
Und Smog ohne Ende.

Höher, lieber Freund,
Siehst du jetzt?
Ich sehe Gebäude und Flugzeuge
Und Wolken hier und dort.

Noch höher und weiter und
Über all das hinaus
Ist der Himmel samt dem All,
Die du nicht vermissen möchtest.

Ja, ich sehe jetzt, ich sehe,
Ich sehe jetzt alles.
War ich all die Jahre blind?
Habe ich den Ruf nicht gehört?

Ich sehe die Sonne, wie sie untergeht,
Während der Vorhang der Dämmerung fällt.
Ich sehe Planeten und Sternenhaufen
Und Galaxien ohne Ende.

Meteore! Und Mondstrahlen!
Mehr Sterne als Straßenlaternen.
Alles funkelt und strahlt.
Welch wundervoller Anblick.

Ich bin jetzt ein Sterngucker,
Das ist die Quelle meines Glücks.
Da ich höher und weiter und
Über all das hinausgeblickt habe.

Lieber Merlin,

warum können wir tagsüber keine Sterne sehen?

Die Sonne ist ein durchschnittlicher Stern und tagsüber deutlich sichtbar. Die übrigen Sterne sind nicht hell genug. Ein Großteil des blauen Lichtes, das in den Sonnenstrahlen enthalten ist, wird herausgefiltert und durch die Erdatmosphäre zerstreut. Dieses zerstreute blaue Licht gibt dem Tageshimmel sein helles blaues Leuchten, das verhindert, daß wir andere Sterne sehen.

Auf dem Mond, wo es praktisch keine Atmosphäre gibt, die das Sonnenlicht streut, ist der Tageshimmel voller Sterne.

Lieber Merlin,
warum funkeln die Sterne?

Die meisten Sterne in der Nacht sind so weit entfernt, daß sie nur als winzige Punkte erscheinen, deren Licht viele Billionen Kilometer zurückgelegt hat, um uns zu erreichen.

Wenn dieser winzige Lichtpunkt dann jedoch durch die dreihundertzwanzig Kilometer der Ionosphäre, Ozonosphäre, Thermosphäre, Mesosphäre, Stratosphäre und Troposphäre dringt, wird das Sternenlicht durch die unterschiedlichen lichtkrümmenden Eigenschaften in und zwischen den verschiedenen Schichten der Erdatmosphäre gerüttelt und geschüttelt und verwischt und verschmiert.

Wenn das Licht Ihren Augapfel erreicht, sagen Sie dann wahrscheinlich: »Funkele, funkele, kleiner Stern...«

Lieber Merlin,

wenn die Erdatmosphäre bewirkt, daß das Sternenlicht zu funkeln scheint, warum hat sie nicht den gleichen Effekt auf die Planeten?

Wenn das Sternenlicht funkelt, so ist es die Erdatmosphäre, die dafür sorgt, daß das »punktförmige« Sternbild gerüttelt und geschüttelt wird. Dieses Rütteln und Schütteln bewirkt eine winzige Verschiebung der genauen Position des Sterns, die größer ist als das Bild, das wir von dem Stern erhalten.

Die Bilder von Planeten treten als größere Scheiben in die Erdatmosphäre ein. Die gleiche winzige Positionsverschiebung wird hier jedoch nicht so leicht bemerkt, da diese Verschiebung *kleiner* als das Bild ist, das wir von der Scheibe erhalten. Und damit wird das Funkeln bei Planeten erheblich reduziert.

Lieber Merlin,

wie viele Sterne sind für das bloße Auge sichtbar?

Am ganzen Himmel sind etwa zwischen fünf- und sechstausend einzelne Sterne für das ungeübte Auge sichtbar. Die genaue Zahl hängt davon ab, wie gut unser Nachtsehvermögen ist. Von diesen Sternen ist jedoch jeweils immer nur die Hälfte sichtbar, da der Umstand, daß Sie auf der Erde stehen, verhindert, daß Sie die andere Hälfte des Himmels unter sich sehen können.

Selbst mit dem schwächsten Taschenfernglas erhöht sich die Zahl der sichtbaren Sterne rapide (von Tausenden auf Millionen). Und bei den größten heutigen Teleskopen ist in der Tat der Himmel die Grenze!

Lieber Merlin,

wenn die Sonne an irgendeinem x-beliebigen Tag »abgeschaltet« werden könnte, wie sähe dann der Tageshimmel hinsichtlich der Identität und Muster der Sterne und Planeten, die wir sehen könnten, im Vergleich zum Nachthimmel aus?

Es ist nicht gerade leicht, die Sonne abzuschalten.

Merlin empfiehlt Ihnen alternativ: (1) sich einen Zeitpunkt und Tag im Jahr auszusuchen (etwa heute Mittag), an dem Sie nach draußen gehen und sich den klaren blauen Himmel anschauen; (2) sodann wieder für exakt sechs Monate nach Hause zu gehen; und (3) dann um Mitternacht nach draußen zu gehen und sich den von Sternen gefüllten Himmel anzusehen.

Dieser Himmel ist dann exakt der Himmel, den Sie (abgesehen von vielleicht ein oder zwei Planeten) nicht sehen konnten, als Sie sechs Monate vorher nur den »blauen Himmel« sahen. Mit der Erde, die sich um die Sonne dreht, verändert sich kontinuierlich der verborgene Tageshimmel, so wie die Sonne von den verschiedenen Sternenhintergründen überlagert wird.

Es dauert genau sechs Monate, bis der Tageshimmel sich ganz zum Nachthimmel verschoben hat, und natürlich auch, bis der Nachthimmel sich wieder zum Tageshimmel verschoben hat.

Lieber Merlin,

wie kommt es, daß so viele Sternbilder am Himmel gar nicht wie die Dinge und Tiere aussehen, die sie darstellen sollen?

Die Chaldäer, Babylonier, Griechen, Ägypter und Römer von vor zwei- bis dreitausend Jahren sind für die gesamte Himmelsmenagerie verantwortlich, die uns bis heute geblieben ist. Nach Merlins Überzeugung müssen sie alle eine lebhafte Phantasie gehabt haben. Insbesondere jener Bursche, dem Merlin 600 v. Chr. in Korinth begegnete. Er war der erste, der dem Sternbild des Pegasus seinen Namen gab. Er behauptete, er sehe wirklich ein auf dem Kopf stehendes weißes fliegendes Pferd mit Flügeln am Himmel.

Lieber Merlin,

an welchen Sternbildern kommt die Sonne im Laufe des Jahres vorbei?

Entgegen allgemeiner Annahmen zieht die Sonne auf ihrer jährlichen Bahn durch vierzehn verschiedene Sternbilder und nicht durch zwölf. Und zwar beginnend mit dem ersten Frühlingstag in folgender Reihenfolge: Pisces (Fische), Cetus (Wal), Pisces (Fische), Aries (Widder), Taurus (Stier), Gemini (Zwillinge), Cancer (Krebs), Leo (Löwe), Virgo (Jungfrau), Libra (Waage), Scorpius (Skorpion), Ophiuchus (Schlangenträger), Sagittarius (Schütze), Capricornus (Steinbock) und Aquarius (Wassermann).

Wobei noch anzumerken ist, daß die Sonne die Fische eine Weile verläßt, um zunächst noch durch das Sternbild Wal zu ziehen, ehe sie dann wieder zu den Fischen zurückkehrt.

Lieber Merlin,

wie viele Sternbilder gibt es überhaupt? Es scheint doch einige zu geben.

Die Internationale Astronomische Union erkennt offiziell achtundachtzig Sternbilder an, die sich über den ganzen Himmel erstrecken. Die meisten Namen wurden bereits vor über zweitausend Jahren festgelegt.

Viele dieser Sternbilder sind schwach in ihrer Helligkeit, wie Corvus (der Rabe) oder Pavo (der Pfau). Manche sind langweilig, wie das Zweisternebild Telescopium (das Fernrohr) oder das Dreisternebild Triangulum (das Dreieck). Andere verlangen eine außergewöhnliche Phantasie, um sie zu erkennen, wie Apus (der Paradiesvogel) oder Horologium (die Pendeluhr).

Das größte Sternbild ist die lange und sich windende Hydra (die Wasserschlange) – sie nimmt eine Fläche von über 1300 Quadratgrad am Himmel ein. Und das kleinste ist Crux (das Kreuz des Südens) – das nur eine Fläche von 68 Quadratgrad einnimmt.

Merlin würde sich freuen, wenn eines Tages alle Sternbilder aktualisiert würden und Namen mit modernen Bezügen erhielten – wie zum Beispiel *Buick*, *Astronaut*, *Französischer Pudel*, *Videorecorder* und *Teddybär*.

Lieber Merlin,

ich habe mir kürzlich eine Videokamera gekauft und möchte wissen, wie ich sie benutzen kann, um Aufnahmen von Sternbildern zu machen.

Videokameras und Filmkameras wurden erfunden, um Aufnahmen von Bildern zu machen, die sich bewegen. Die einzelnen Sterne der jeweiligen Sternbilder bewegen sich natürlich, keine Frage, aber aufgrund ihrer großen Entfernungen bräuchten Sie mit Ihrer Kamera einige tausend Jahre, um das festzustellen.

Wenn Sie denn unbedingt Sterne, die sich nicht bewegen, mit Ihrer Videokamera aufnehmen müssen, dann sollten Sie in jedem Fall eine möglichst große Blende bei Ihrer Kamera benutzen. Damit werden Sie erfolgreich dann einige der hellsten Sterne in den bekanntesten Sternbildern wie Orion, Kassiopeia, Schütze, Skorpion und Großer Bär aufnehmen können.

Im Unterschied zu normalen Kameras kann die »Belichtungszeit« bei Video- und Filmkameras nicht verlängert werden, was bei schwächeren Objekten entscheidend für das Sammeln von Licht, das heißt für die Vergrößerung der Lichtstärke, ist. Merlin hat somit seine Zweifel, daß Ihre Kamera in der Lage ist, die kleineren Sternbilder oder auch tiefe Himmelskörper wie Nebel, Sternenhaufen und Galaxien aufzunehmen.

Lieber Merlin,

wie wußten die Menschen in der Antike, daß die Sonne bei der Wintersonnenwende vor mehreren tausend Jahren im Steinbock stand?

Heutzutage tritt die Sonne etwa am 18. Dezember in das Sternbild des Schützen ein. Sie bleibt dort bei der Wintersonnenwende, am 21. Dezember, und tritt dann erst etwa am 20. Januar in das Sternbild des Steinbocks ein.

Vor zweitausend Jahren wurden alle Tierkreissternbilder aufgrund der Präzession der Erde auf ihrer Achse etwa um einen Monat auf ihre derzeitigen Positionen im Kalender verschoben. Somit wäre die Sonne bei der Wintersonnenwende im Steinbock und im vorhergehenden Monat im Sternbild des Schützen gewesen.

Natürlich konnten die Menschen in der Antike die Sterne im Sternbild des Steinbocks nicht sehen, wenn die Sonne durch das Sternbild zog. Aber wenn man vor zweitausend Jahren bei der Wintersonnenwende die Sterne im Osten unmittelbar vor dem Sonnenaufgang und die Sterne im Westen unmittelbar nach dem Sonnenuntergang sorgfältig beobachtete, waren die zwei Sternbilder (Schütze und Wassermann), die den Steinbock im Tierkreis flankieren, zu sehen. Nach dieser Methode war es einfach, für jeden Tag des Jahres festzustellen, in welchem Sternbild die Sonne stehen mußte.

Lieber Merlin,

auf einer Karte der Sterne und des Sonnensystems, die ich kürzlich sah, sah es so aus, als befände sich die Sonne im Juli vor dem Sternbild Zwillinge, im August vor dem Sternbild Krebs etc. Nach den Horoskopzeichen kommt Ende Juli jedoch der Krebs und im August der Löwe. Was doch nicht damit übereinstimmt, wie die Tierkreiszeichen den Geburtstagen zugeordnet sind. Warum?

Die Horoskope, die so viele Menschen geradezu zwanghaft lesen müssen, stimmten vor über zweitausend Jahren, als die Babylonier und Chaldäer den Tierkreis in zwölf Teile unterteilten, exakt mit der Position der Sonne überein. Und etwas später (etwa um 150 v. Chr.) gab Ptolemäus den Sternbildern, so wie wir sie heute kennen, die Namen jener mythologischen Figuren und Tiere.

Seither hat die Erde jedoch vor dem Hintergrund der Präzession ihrer Achse ein Zwölftel einer vollen Kreiselbewegung zurückgelegt. Dadurch hat sich die Übereinstimmung des Tierkreises mit der Position der Sonne gegenüber den Sternbildern um einen Monat nach hinten verschoben.

Es gibt auch noch ein prominentes Tierkreiszeichen, das in den Horoskopen nicht einmal auftaucht. Nachdem die Sonne Scorpius (den Skorpion) verlassen hat, passiert sie das Sternbild Ophiuchus (den Schlangenträger), in dem sie in Wirklichkeit sogar länger verweilt als im Skorpion. Was für Astrologen die nüchterne Schlußfolgerung mit sich bringt, daß Sie, wenn Sie glauben, ein Skorpion zu sein, in Wirklichkeit wahrscheinlich ein Schlangenträger sind, und daß alle Skorpione und Schlangenträger gegenwärtig faktisch Waagen sind.

Lieber Merlin,

der Wendekreis des Krebses ist der nördlichste Punkt, den die Sonne erreicht, und der Wendekreis des Steinbocks ist der südlichste, bis zu dem sie sich bewegt. Wandert der Mond noch weiter nach Norden oder Süden als die Sonne?

Im Sonnensystem gibt es sehr vieles, was »geneigt« ist.

Die Umlaufbahn des Mondes hat eine Neigung von fünf Grad zur Ebene der Erdbahn um die Sonne, und der Erdäquator hat eine Neigung von 23 ½ Grad zur Ebene des Sonnensystems. Somit kann der Mond bis zu 28 ½ Grad nördlich *oder* südlich vom Himmelsäquator wandern, aber nur 5 Grad nördlich oder südlich von der Sonne.

Wenn der Mond auf seinem Weg von Süden nach Norden (oder von Norden nach Süden) die Bahn der Sonne kreuzt, kommt es zu einer Sonnenfinsternis, wenn entweder Neumond oder Vollmond ist.

Lieber Merlin,

wenn ich abends *direkt* auf dem Erdäquator stünde, welche Sternbilder würde ich dann sehen, die von der Nordhalbkugel oder die von der Südhalbkugel?

Die Bewohner des Äquators sind die einzigen Menschen auf Erden, die das ganze Jahr über den ganzen nördlichen *und* den ganzen südlichen Himmel sehen können.

Merlins guter Freund, der Heilige Nikolaus, sieht, wenn er zu Hause ist, nur den nördlichen Himmel.

Pinguine und andere Bewohner der Antarktis sehen nur den südlichen Himmel.

Lieber Merlin,

im April 1986 waren meine Frau und ich in Chile, um uns den Halleyschen Kometen anzusehen. Was wir sahen, waren zwei verschwommene kometähnliche Objekte. Was war das?

Merlin hat die Sorge, daß Sie bei Ihrer Reise nach Chile den Halleyschen Kometen vielleicht überhaupt nicht sahen – wenn alles, was Sie sahen, *zwei* verschwommene Objekte waren.

Von dem günstigen Aussichtspunkt, den Chile auf der Südhalbkugel bietet, müßten Sie am Nachthimmel eigentlich *vier* verschwommene Objekte gesehen haben.

Wenn der Komet eines der verschwommenen Objekte war, dann handelte es sich bei dem zweiten Objekt, das Sie sahen, wahrscheinlich um den titanischen Kugelsternhaufen »Omega Centauri«. Der Halleysche Komet ist im April 1986 nahe daran vorbeigezogen.

Und bei den anderen verschwommenen Objekten, die Sie eigentlich hätten sehen müssen, handelt es sich um die zwei Galaxien, die der Milchstraße im Universum am nächsten und am Himmel nahe beieinander zu finden sind. Ferdinand Magellan schrieb bei seiner Weltumsegelung auf seiner Etappe auf der Südhalbkugel als erster über sie.

Merlin war zufällig bei dieser Reise dabei und hörte, wie Magellan diese Objekte als »Wolken« beschrieb.

Und so sind sie bis auf den heutigen Tag zu seiner Ehre nach ihm benannt. Die größere (und hellere) der beiden wird die »Große Magellansche Wolke« genannt und die andere als die »Kleine Magellansche Wolke« bezeichnet.

Lieber Merlin,

wenn das Sonnensystem zur Milchstraße, unserer Galaxis, gehört, wie ist es dann zu verstehen, wenn die Leute sagen, daß sie die Milchstraße am Nachthimmel sehen.

Wenn Sie jemals Heidelbeerpfannkuchen gemacht haben, haben Sie vielleicht bemerkt, wie die Heidelbeeren oben und unten herausschauen. Wenn Sie eine Heidelbeere wären, würden Sie feststellen, daß um Sie herum ein dichter Ring von Pfannkuchen, über und unter Ihnen aber nur sehr wenig Pfannkuchen vorhanden ist.

Die Erde ist ebenso ein Teil der Scheibe der Milchstraße, wie Ihre Heidelbeere ein Teil des Pfannkuchens ist.

Wenn die Leute die »Milchstraße« beobachten, sehen sie ein Lichtband (das gesammelte Licht von Milliarden von Sternen), das die Erde am Nachthimmel umspannt. Außerhalb dieses Bandes, wo es weniger Sterne gibt, ist der Himmel bedeutend dunkler. Im übrigen ist die dichte Spiralscheibe der Milchstraße flacher als die meisten Pfannkuchen, so daß dieser Effekt ziemlich ausgeprägt ist.

Lieber Merlin,

ich habe einmal ein Buch gelesen, in dem beiläufig erwähnt wurde, daß die Venus einst von den Seeleuten bei Tage als Navigationshilfe genutzt wurde. Was hat Merlin zu diesem Thema zu sagen?

Der Planet Venus ist auch bei hellem Tageslicht leicht zu sehen, wenn Sie ein kleines Teleskop oder ein gutes Fernglas haben und wissen, wo Sie hinschauen müssen.

Bei Tage mit Hilfe der Venus zu navigieren, dürfte jedoch kaum nötig sein, da die Sonne für diesen Zweck zur Verfügung steht (bei der Sie kein Teleskop brauchen, um sie zu sehen).

Wenn Sie jedoch einen Vorwand brauchen, um mit Hilfe der Venus zu navigieren, so ist die Venus in der Abend- oder Morgendämmerung fast immer sichtbar, also wenn die Sonne unter dem Horizont und der Himmel schon oder noch zu hell ist, um viele Sterne zu sehen. In dieser (rund) dreißigminütigen Phase ist die Venus allein und für das ungeübte Auge sichtbar.

So hell und einsam in der Dämmerung am Himmel strahlend, hat die Venus schon unzählige Telefonanrufe bei Polizeistationen von Personen ausgelöst, die behaupteten, ein UFO zu sehen.

Lieber Merlin,

mein Sohn und ich sind gerade dabei, für ein wissenschaftliches Schulprojekt einen Sonnenuhr-Sonnenkalender zu erstellen. Uns ist aufgefallen, daß es die längsten Schatten nicht am oder um den 21. Dezember gibt – sondern es vielmehr so aussah, als gäbe es um den 5. Januar den längsten Schatten. Viele Messungen scheinen das zu bestätigen. Kann das stimmen, oder haben wir beim Sammeln unserer Daten einen Fehler gemacht?

Merlin geht davon aus, daß Sie Ihre Messungen alle um zwölf Uhr mittags durchgeführt haben.

Wenn Sie berücksichtigen, wie weit Sie vom Zentrum Ihrer Zeitzone entfernt sind, und ebenso die Zeitverschiebung durch die Sommer- und Winterzeit in Rechnung stellen, bleibt, daß die Sonne nur an vier Tagen im Jahr ihren höchsten Stand um zwölf Uhr mittags erreicht. An allen anderen Tagen erreicht sie ihren höchsten Stand entweder einige Minuten vor oder einige Minuten nach Mittag. Diese täglichen Abweichungen sind zum Teil auf die unterschiedliche Geschwindigkeit zurückzuführen, mit der sich die Erde bei ihrer elliptischen Reise um die Sonne bewegt.

Die längsten Schatten des Jahres *treten* am 21. Dezember auf – nur nicht um zwölf Uhr mittags. Bei Ihren Messungen am 5. Januar haben Sie die Sonne erwischt, ehe sie ihren höchsten Stand erreichte (bei einem niedrigeren Stand als der Mittagssonne am 21. Dezember) und somit den längsten Mittagsschatten des Jahres hervorbrachte.

Die Relation, die sich im einzelnen bei diesen Mittagsabweichungen ergibt, wurde mit dem hochtrabenden Namen »Zeitgleichung« bedacht und wird graphisch durch die Zahl »8« dargestellt. Bei kommerziellen Sonnenuhren ist dieses Symbol in der Regel irgendwo in einer Ecke angebracht, während die Karten- und Globushersteller es offenbar immer irgendwo im Pazifischen Ozean schwimmen lassen.

Lieber Merlin,

wie kommt es, daß der Nordstern der Nordstern über dem Pol der Erde bleiben kann, wenn die Erde sich um die Sonne dreht? Ist das so, weil der Durchmesser des Kreises, den die Erde bei ihrer Umlaufbewegung beschreibt, nur klein und damit unbedeutend ist?

Ja. Der Durchmesser der Erdumlaufbahn von 299 Millionen Kilometer ist relativ klein und damit unbedeutend im Vergleich zu den 4,8 Billiarden Kilometern bis zu Polaris, dem Nordstern.

Lieber Merlin,

gibt es auch einen Polarstern für den Südpol, so wie Polaris der Polarstern für den Nordpol ist?

Der Südpol hat einen Stern namens »Sigma Octans«, der *näher* an dem Punkt am Himmel direkt über dem Südpol als Polaris an dem im Norden ist. Aber er ist sechzehnmal schwächer in seiner Helligkeit, so daß niemand ihn beachtet.

Lieber Merlin,

wenn Satelliten über einem bestimmten Punkt auf der Erde im All stationiert werden, wieso können wir sie dann in einer dunklen Nacht am Himmel entlang flitzen sehen?

Nur Kommunikations- oder Nachrichtensatelliten haben so große Umlaufbahnen, daß ihre Umlaufzeit der Rotationszeit der Erde entspricht. Dies sind die »stationären« Satelliten, da sie über einem bestimmten Punkt an derselben Stelle auf dem Globus bleiben.

Alle anderen Satelliten (Aufklärungs-, militärische, geologische, meteorologische usw.) bewegen sich in weniger als zwei Stunden um die Erde und sind in den ersten wenigen Stunden nach Sonnenuntergang und in den wenigen Stunden vor Sonnenaufgang durch das Sonnenlicht, das sie reflektieren, am Himmel zu sehen. Sie sind leicht auszumachen, da sie sich schnell bewegen, sie blinken nicht, sie haben keine roten und grünen Tragflügellichter und setzen nicht etwa zur Landung auf einem nahegelegenen Flughafen an.

Lieber Merlin,

wann wird die nächste Sonnenfinsternis eintreten, die für die Nordamerikaner (Nichtfernreisende natürlich) zu sehen sein wird?

Merlin weiß nicht, wie alt Sie heute sind, aber bis zur nächsten Sonnenfinsternis, die auch in Oklahoma zu sehen sein wird, werden Sie jedenfalls um etliches älter sein. Am 12. August 2045, und nicht eher, wird eine totale Sonnenfinsternis über die ganzen Vereinigten Staaten, von Kalifornien bis nach Florida, hinweggehen.

Sofern Sie jedoch nichts dagegen haben, Ihre Heimatstadt auch einmal zu verlassen, gibt es alle paar Jahre irgendwo auf der Erde eine totale Sonnenfinsternis. In München z. B. können Sie die nächste Sonnenfinsternis schon am 11. August 1999 zur Mittagszeit erleben.

Kapitel 7

Die Gravitation

Die Gravitation, die schwächste Kraft in der Natur, ist der »Leim«, der das Universum zusammenhält. Alle Körper ziehen sich gegenseitig an, ganz gleich, wie klein oder wie entfernt sie sind. Die ersten Erkenntnisse über diese kosmische Kraft lieferte Sir Isaac Newton. Aus seiner Gravitationstheorie kann abgeleitet werden, warum Sterne rund sind, warum Planeten sich auf elliptischen Umlaufbahnen bewegen, warum Objekte, die hin- und hergeschleudert werden, bogenförmigen Bahnen folgen, warum Sie, wenn Sie im Orbit sind, gewichtlos sind, warum nahe Satelliten sich schnell und ferne Satelliten sich langsam auf ihren Umlaufbahnen bewegen, warum Sie auf dem Mond weniger und auf dem Jupiter mehr wiegen.

Auf der irdischen Ebene erklärt Newtons Gravitationstheorie sogar, warum Sie weniger wiegen, nachdem Sie erfolgreich gefastet haben: Sie haben weniger Masse (die materielle Substanz Ihres Körpers); Sie und die Erde ziehen einander nicht mehr so stark wie vorher an; diese Anziehungskraft auf der Erdoberfläche definiert Ihr Gewicht; folglich wiegen Sie weniger. Wenn Personen abnehmen, also Gewicht verlieren möchten, möchten Sie in Wirklichkeit ihre Masse reduzieren; somit sind alle »Weightwatcher« in Wirklichkeit »Masse-Watcher«.

Lieber Merlin,

wie war die Geschichte mit Isaac Newton und dem Apfel wirklich? Ich habe sehr viele widersprüchliche Erzählungen davon gehört.

Merlin hatte unlängst eine kleine Unterhaltung mit Sir Isaac Newton über seine Entdeckung des Gravitationsgesetzes. Es war im Jahr 1666 im Hinterhof seines Hauses in Lincolnshire auf dem Land in England.

»Ich setzte mich unter einen Baum«, erklärte Sir Isaac, »um über den Kosmos nachzudenken, als ich sah, wie vom Ast eines entfernten Baumes ein Apfel herabfiel. In dem Augenblick, in dem der Apfel fiel, war der Mond zufällig am Himmel zu sehen. Und so«, fuhr er fort, »stellte ich dann die These auf, daß dieselben Gravitationsgesetze, die den Apfel zur Erde zogen, auch den Mond auf seiner Umlaufbahn hielten.«

»Wollen Sie damit sagen, daß Sie nie wirklich von einem Apfel am Kopf getroffen wurden?« warf Merlin ein.

»Merlin«, antwortete Sir Isaac, »wenn mich ein Apfel am Kopf getroffen hätte, während ich über den Kosmos nachdachte, wäre die einzige Offenbarung, die mir gekommen wäre, die gewesen, daß ich mich unter einen anderen Baum setzen muß!«

Lieber Merlin,

da Zentrifugalkräfte der Gravitation entgegenwirken, wieviel weniger wiegen Körper dann eigentlich aufgrund der Rotation der Erde?

Auf dem Äquator, wo die Zentrifugalkräfte am stärksten sind, wiegt eine Person von 136 Pfund dann nur noch schlanke 135 Pfund und 443 Gramm, also 57 Gramm weniger. Polarbewohner profitieren in der Form nicht von der Erdrotation und behalten somit ihr »wirkliches« Gravitationsgewicht – wobei diese Tatsache allerdings nicht erklärt, warum der Heilige Nikolaus so rundlich ist.

Lieber Merlin,

wie schnell verringert sich die Anziehungskraft der Erde, wenn man die Erdoberfläche verläßt?

Merlin fragte seinen guten Freund Sir Isaac Newton einmal nach der Gravitation. Isaac antwortete ihm: »Auch wenn kugelförmige Körper oder Himmelskörper sich noch so ungleich sind... sage ich, daß die ganze Kraft, mit der einer dieser Körper den anderen anzieht, einer dem Produkt ihrer Massen proportionalen Kraft und dem Quadrat ihres Abstandes umgekehrt proportionalen Kraft entspricht.«

Diese Idee veröffentlichte er später, 1686, als These LXXVI in seinem Werk *Principia*, Band 1.

Wenn wir Newtons Gravitationsgesetz auf Sie und die Erde anwenden (wobei Sie dann der »ungleiche« kugelförmige Körper wären), würden wir feststellen, daß die Anziehungskraft der Erde mit jedemmal, wenn Sie Ihre Entfernung zum Zentrum der Erdanziehungskraft verdreifachen, jeweils um ein Neuntel ihres vorhergehenden Wertes sinkt. Wenn Sie Ihre Entfernung vervierfachen, sinkt die Anziehungskraft um ein Sechzehntel – usw.

Soweit Sie jedoch nur mit Aufzügen rauf- und runterfahren, verändert sich ihre Entfernung zum Zentrum der Erde nicht sonderlich, so daß die gravitationsspezifische Veränderung auch entsprechend gering ist.

Lieber Merlin,
könnte man einen Stein aus einem Raumschiff werfen und erreichen, daß er in die Umlaufbahn der Erde gelangt?

Das hängt ganz davon ab, wo sich Ihr Raumschiff befindet, wenn Sie den Stein werfen.

Wenn Ihr Raumschiff auf der Abschußrampe steht, brauchen Sie weiter nichts zu tun, als den Stein mit einer Geschwindigkeit von rund 29000 km/h in Richtung Erdhorizont zu schleudern. Er wird dann sofort in die Erdumlaufbahn eintreten.

Sofern Ihr Raumschiff sich jedoch bereits auf einer Umlaufbahn über der Erde befindet, kurbeln Sie einfach das Fenster herunter und legen den Stein nach draußen. Er wird dann nahe am Fenster zusammen mit Ihrem Raumschiff in der Umlaufbahn um die Erde bleiben.

Sofern Ihr Raumschiff sich in einem fernen Teil des Universums befindet und zu einer anderen Galaxie unterwegs ist, sind Sie wohl kaum noch daran interessiert, Steine in die Erdumlaufbahn zu werfen.

Lieber Merlin,

wenn die Astronauten im Space Shuttle immer noch der Anziehungskraft der Erde ausgesetzt sind, wenn sie sich im Orbit befinden, wie können Sie dann gewichtlos, also schwerelos sein?

Jeder Körper, der sich im freien Fall Richtung Erdoberfläche befindet, ist gewichtlos.

Wenn ein frei fallender Astronaut einige hundert Kilometer über dem Boden sich gleichzeitig auch noch mit rund 29 000 km/h seitwärts bewegt (was durch das Space Shuttle freundlicherweise gewährleistet wird), fällt der Astronaut im gleichen Verhältnis in Richtung Erde, in dem sich die runde Oberfläche der Erde wegkrümmt. Dieser Zustand wird allgemein als ein »Orbit« bezeichnet.

Lieber Merlin,

wenn ein Objekt, das sich im Umlauf um die Erde befindet, als im »freien Fall« befindlich betrachtet wird, warum beschleunigt es dann nicht seine Geschwindigkeit und überwindet schließlich das Weg-Fallen von der runden Oberfläche seines Gastgebers?

In der Physik kann eine Beschleunigung eine Erhöhung der Geschwindigkeit, eine Verlangsamung der Geschwindigkeit und/oder eine Änderung in der Richtung der Bewegung sein. Ein Objekt, das um die Erde kreist, wird durch die Erdanziehungskraft insofern beschleunigt, als die Richtung seiner Bewegung, nicht aber seine Geschwindigkeit verändert wird. Merlins guter Freund Sir Isaac Newton hat diesen Effekt erstmals in seiner berühmten Abhandlung über die Mechanik, in seinem 1686 veröffentlichten Werk *Principia*, gezeigt.

Lieber Merlin,

was ist darunter zu verstehen, wenn ein Satellit in eine »geosynchrone« Umlaufbahn gebracht wurde?

Je höher die Umlaufbahn eines Satelliten über der Erdoberfläche ist, desto länger braucht er für eine ganze Umkreisung. In einer Höhe von etwa 37000 km braucht der Satellit 23 Stunden und 56 Minuten, um sich einmal um die Erde zu bewegen. Und die Erde braucht 23 Stunden und 56 Minuten für ihre Rotation. Durch diese Gleichschaltung kann ein Satellit über einem beliebigen Punkt der Erdoberfläche »schweben«.

Kommunikations- oder Nachrichtensatelliten werden in der Regel in solche Umlaufbahnen gebracht.

Lieber Merlin,

warum ist die Höhe von 37 000 km für einen Satelliten in einer geosynchronen Umlaufbahn etwas so Besonderes? Warum können Satelliten nicht in einer Höhe von, sagen wir, 48 000 km sein und eine größere Umlaufgeschwindigkeit haben und dennoch in einer geosynchronen Bahn bleiben?

Für jede Höhe über der Erdoberfläche gibt es nur eine Geschwindigkeit, die einen künstlichen Satelliten auf einer kreisförmigen Umlaufbahn halten kann.

Wenn Sie versuchen, einen Satelliten zu beschleunigen, wird er auf eine höhere Umlaufbahn springen und langsamer als vorher seine Bahnen drehen. Und wenn Sie versuchen, die Geschwindigkeit eines Satelliten zu verlangsamen, wird er auf eine tieferliegende Umlaufbahn abfallen und schneller als vorher seine Bahnen drehen.

Satelliten, die sich auf einer sehr niedrigen Umlaufbahn befinden, bewegen sich mit einer Geschwindigkeit von rund 29 000 km/h und brauchen rund neunzig Minuten, um eine Umlaufbahn zu vollenden. Satelliten, die sich auf einer geosynchronen Umlaufbahn befinden, bewegen sich demgegenüber mit einer Geschwindigkeit von rund 11 000 km/h und brauchen für ihre Umlaufbahn dann entsprechend natürlich auch 23 Stunden und 56 Minuten, was der Rotationsperiode der Erde entspricht.

Lieber Merlin,

was ist unter »Gezeitenkraft« zu verstehen? Handelt es sich dabei um eine neue Form von Kraft, oder hat sie tatsächlich etwas mit den Gezeiten zu tun?

Gezeitenkräfte werden durch die Gravitationskraft erzeugt.

Ein Planet (oder irgendein Körper) spürt die Gezeitenkraft, wenn er einer Gravitationsquelle mit einer Seite näher zugewandt ist als mit der anderen. Die Gravitation wirkt in dem Fall stärker auf die nahegelegene Seite als auf die entferntere ein, so daß der Planet sich zur Gravitationsquelle hin »gedehnt« fühlt. Dieser Dehnungseffekt ist als *Gezeitenkraft* bekannt.

Die vom Mond und von der Sonne ausgehenden Gezeitenkräfte sind nicht stark genug, um die stabile, solide Erde auseinanderzureißen, die Ozeane schwellen jedoch recht bereitwillig durch sie an, um die bekannten »Gezeiten« entstehen zu lassen.

Lieber Merlin,

ich habe oft gestaunt und mich darüber gewundert, wie unbemannte Raumfahrzeuge so nahe an andere Planeten herankommen können. Wie schaffen sie es, so nahe an diese entfernten Objekte heranzukommen, ohne daß ihnen der Treibstoff ausgeht? Und was gibt ihnen diese Präzision?

Die meiste Zeit verbrauchen Raumfahrzeuge überhaupt keinen Treibstoff. Sie »treiben« einfach auf ihr Ziel zu, nachdem die letzten Raketen abgefeuert sind. Im Weltraum gibt es weder eine Luft- noch eine Straßenreibung, so daß die Gravitation die einzige Kraft ist, die Ihre Flugbahn beeinflußt, sobald Sie erst einmal in Bewegung gekommen sind.

Wenn Sie es auf einen bestimmten Planeten abgesehen haben, halten Sie nicht geradewegs auf den Punkt zu, an dem er sich befindet, da er bis zu dem Zeitpunkt, an dem Sie schließlich dort ankommen, längst irgendwo anders auf seiner Umlaufbahn ist. Nach einer sorgfältigen Beobachtung der Umlaufbahn des Planeten und entsprechender Berücksichtigung der Umlaufgeschwindigkeit und Position der Erde (wobei davon ausgegangen wird, daß Sie von der Erde aus starten) halten Sie einfach auf den Punkt zu, an dem Sie den Planeten erwarten, wenn Sie in seine Umlaufbahn kommen.

Wenn Sie jetzt kleine Korrekturen an Ihrer Flugbahn

vornehmen (wobei Sie bedenken, daß der Gravitationseinfluß des Zielplaneten in dem Maße zunimmt, wie Sie sich ihm nähern), ist es an Ihnen, sich für eine Crashlandung Ihres Raumschiffes zu entscheiden, indem Sie geradewegs auf den Planeten zuhalten. Sollte Ihnen das jedoch weniger zusagen, können Sie sich auch für die »Flyby«-Methode entscheiden und Ihre Flugbahn leicht seitlich zum Planeten ausrichten. Abhängig von den einzelnen Korrekturen, die Sie vornehmen, wird die Gravitation Sie entweder in Ihrer Umlaufbahn erfassen oder Sie um den Planeten herumwirbeln und in eine andere Richtung in den Weltraum zurückkatapultieren.

Lieber Merlin,

ich habe kürzlich gelesen, daß die Planetensonde *Pionier 10* durch das Gravitationsfeld des Jupiter auf die Fluchtgeschwindigkeit des Sonnensystems beschleunigt wurde. Nach meinem Verständnis der Newtonschen Gesetze hatte *Pionier 10* nach Brennschluß, d.h. nachdem der Treibstoff verbrannt war, konstante totale Energie – kinetische plus potentielle Energie. Wenn *Pionier 10* im Augenblick des Brennschlusses keine Fluchtenergie gehabt hätte, hätte das Gravitationsfeld des Jupiter sie der Sonde auch nicht geben können. Das Gravitationsfeld des Jupiter bewirkt lediglich, daß sich das Verhältnis von kinetischer zu potentieller Energie mit der Zeit verändert. Können Sie den Trugschluß, der in dieser Argumentation begründet ist, aufzeigen?

Ja.

Abhängig von ihrer genauen Flugbahn kann die Planetensonde *Pionier 10* zusätzlich an Geschwindigkeit gewinnen, und zwar bis zur Umlaufgeschwindigkeit von Jupiter, aber nicht darüber hinaus. Um das zu erreichen, *nimmt* sie bei ihrem »Flyby« dem Planeten Jupiter in Wirklichkeit Triebkraft *weg*.

Jupiter, der massereicher als alle anderen Planeten zusammen ist, hat jede Menge Triebkraft, um davon etwas an die winzigen Planetensonden abzugeben. Das heißt, daß Jupiter nach jedem »Flyby« in seiner Umlaufbahn im wesentlichen untangiert bleibt.

Lieber Merlin,

könnte die Raumsonde *Pionier 10* theoretisch aufgrund der Wirkung der Gravitation auch einen Planeten jenseits der Umlaufbahn von Pluto entdecken, wenn sich der fragliche Planet auf der anderen Seite der Sonne befände, während *Pionier 10* Plutos Umlaufbahn kreuzen würde?

Nein.

Lieber Merlin,
was ist das schnellste Objekt, das Menschen je in den Weltraum geschickt haben?

1972 und 1973 wurden die amerikanischen Planetensonden *Pionier 10* und *11* in den Weltraum geschossen. Sie erreichten bei ihrem Vorbeiflug am Planeten Jupiter jeweils eine Geschwindigkeit von über 64 000 km/h (19 km/s). Die nachfolgenden Raumsonden *Voyager 1* und 2 wiederholten 1979 diese dynamische Begegnung mit Jupiter.

Das Einmalige an diesen vier Raumsonden ist, daß sie die einzigen Raumfahrzeuge sind, die schnell genug sind, um der Anziehungskraft des Sonnensystems vollständig zu entfliehen. Sie werden in den noch unbesuchten Bereich des interstellaren Raumes eintreten.

Der Geschwindigkeitsrekord im Weltraum muß jedoch der U.S.-deutschen Solarsonde *Helios 2* zugesprochen werden, die 1976 gestartet wurde. Bei ihr wurde eine Geschwindigkeit von annähernd 241 000 km/h (68 km/s) gemessen. Wobei zu bedenken ist, daß dies nur ein Fünfzigstel von einem Prozent der Lichtgeschwindigkeit ist.

Lieber Merlin,
hört die Gravitation der Sonne bei Pluto auf?

Wenn die Gravitation der Sonne bei Pluto enden würde, hätten wir Neptun 1979 verloren. Das war, als Pluto mit seiner sehr abgeflachten Umlaufbahn die Umlaufbahn von Neptun kreuzte und damit dann der achte Planet von der Sonne aus gesehen war.

Es gibt auch noch eine Region von Materieteilchen, Trümmern des Sonnensystems, die sich über die Hälfte der Strecke bis zu den nahegelegensten Sternen ausdehnt und bei der davon ausgegangen wird, daß sie die Hauptkometenquelle für die Sonne ist.

Darüber hinaus diktiert Isaac Newtons Gravitationsgesetz, daß die Gravitation der Sonne zunehmend schwächer wird, je weiter man sich ins All hinaus bewegt – der Punkt null aber dennoch *nie* erreicht wird.

Kapitel 8

Sterne

Sterne führen ein ruhiges Leben und erleben nichtsdestotrotz einen recht traumatischen Tod.

Ihre Energie wird durch thermonukleare Fusionsprozesse von Elementen erzeugt. Sterne, die nur über einen Bruchteil der Masse der Sonne verfügen, nutzen ihren »Brennstoff« recht effizient. Bei einigen dieser Sterne geht man davon aus, daß sie das Universum überleben.

Sterne, die ebenso massereich wie die Sonne sind, werden ihren »Brennstoff« am Ende irgendwann erschöpft haben und sich um ein Tausendfaches wie ein riesiger Strandball aufblähen. Die äußere Sternschicht, die sich aufgebläht und so ausgedehnt hat, löst sich zuletzt ab, um einen kleinen dichten weißen heißen Kern bloßzulegen – den »weißen Zwergstern«.

Sterne, die mehrfach massereicher als die Sonne sind, blähen sich ebenfalls tausendmal größer auf, verbrauchen jedoch schnell und auf bizarre Weise ihren Brennstoff. Der Kern dieser Sterne ist der Traum eines Alchemisten. Sie verwandeln Wasserstoff in Helium, Helium in Kohlenstoff, Kohlenstoff in Stickstoff sowie Sauerstoff und Argon... bis schließlich das Element Eisen erreicht ist. Beim Eisen kann der Stern sich dann nicht weiter verwandeln. Er kollabiert unter seinem eigenen Gewicht und stößt mit einer gewaltigen Energie seine äußersten Schichten ab – die »Supernova«.

Sterne, die um ein Vielfaches massereicher als die Sonne sind, verhalten sich ähnlich wie jene, die nur mehrfach massereicher als die Sonne sind. Der Unterschied entsteht dann, wenn der sehr massereiche Stern seine äußersten Schichten *nicht* abstößt, sondern kontinuierlich weiter kollabiert und schließlich ein gravitatives Loch im Weltraum bildet, das kein Licht abgibt – das berüchtigte »Schwarze Loch«.

Lieber Merlin,

besteht die Möglichkeit, daß eines Tages ein anderer Stern mit der Sonne zusammenstoßen wird?

Ja.

Sie sollten jedoch wissen, daß, wenn nur vier Schlangen blindlings auf dem Kontinent der Vereinigten Staaten herumkriechen würden, ein zufälliger Zusammenstoß von zweien wahrscheinlicher wäre, als daß ein Stern mit der Sonne kollidiert.

Lieber Merlin,
wie groß ist der größte Stern?

Bei den Sternen führt die Klasse der »Überriesen« die Liste der größten Sterne an. Der bekannteste von ihnen ist Betelgeuse oder Beteigeuze im Sternbild Orion. Er ist ein roter Überriese mit unregelmäßiger Pulsation, der – wenn er an die Stelle der Sonne gesetzt würde – von seiner Größe her zwischen der *Umlaufbahn* des Mars bis zur *Umlaufbahn* des Jupiter schwanken würde.

Die verkohlten Überreste der Erde würden dann tief im Gasinnern Betelgeuses ihre Umlaufbahn ziehen.

Lieber Merlin,

werden rote Riesen so genannt, weil sie heißer als die Sonne sind?

Nein, sie sind rot, weil sie *kälter* als die Sonne sind.

Auf der Leinwand beim Malen,
In der Kunstschule
Ist Rot die Farbe, die warm ist,
Und Blau die, die kalt ist.

Aber in der Wissenschaft zeigen wir,
Daß ein Stern, sowie die Hitze steigt,
Rot glüht,
Wie die Kohlen eines Feuers.

Erhöhen Sie die Temperatur noch etwas mehr,
Und was sehen Sie dann?
Dann ist er nicht mehr rot,
Sondern strahlend weiß geworden.

Aber das heißeste überhaupt,
Das sagt Merlin Ihnen,
Ist weder weiß noch rot,
Sondern wenn der Stern blau geworden ist.

Lieber Merlin,

Ich habe eine Frage zu Doppelsternen. Aber zunächst einmal korrigieren Sie mich bitte, wenn ich mich in folgendem irre: (1) Alle Sterne haben Masse. (2) Jede Masse übt zumindest eine gewisse Anziehungskraft auf andere Körper aus. Wenn das stimmt, wie können Doppelsterne dann existieren? Würden sie sich nicht gegenseitig ineinander zusammenziehen?

Wenn Doppelsterne sich einfach nur so im Weltraum befänden, würde ihre gegenseitige Anziehungskraft sie sicherlich zusammenziehen.

Wenn ein Körper sich jedoch um irgendeinen anderen Körper bewegt, dient die Gravitation vorrangig dem Zweck, die Richtung der Bewegung zu einer geschlossenen Schleife zu biegen. Damit haben wir das, was gemeinhin eine *Umlaufbahn* genannt wird, und damit haben wir eine unangenehme Kollision verhindert.

Lieber Merlin,

ich habe eine Frage, bei der es mir eigentlich peinlich ist, sie zu stellen, aber ich möchte die Antwort vielleicht als Grundlage für eine Kurzgeschichte nutzen.

Wenn unser Stern, die Sonne, ein Doppelstern wäre, wenn wir uns, mit anderen Worten, auf unserem Planeten Erde um zwei Sonnen von derselben Größe wie unsere einzige Sonne drehen würden, würden die Objekte und Lebewesen auf der Erde dann einen doppelten Schatten werfen? Zwei Schatten für Erdenbewohner statt nur einen?

Ja.

Lieber Merlin,

was ist der Unterschied zwischen einem Protostern und einem braunen Zwerg?

Ein Protostern ist eine große Gaswolke, die kollabiert und heißer wird, um so in ihrem Kern einen thermonuklearen Fusionsprozeß in Gang zu setzen. Wenn das gelingt... wird ein Stern geboren.

Ist der Protostern nicht massiv genug, wird der thermonukleare Fusionsprozeß nie in Gang gesetzt. Was dann bleibt, ist ein Ball aus heißem Gas, der abkühlt und schrumpft. Und was dann bleibt, wird gemeinhin als ein *brauner Zwerg* bezeichnet.

Sofern ein brauner Zwerg, der sich im Umlauf um einen anderen Stern befindet, genügend Zeit erhält, um abzukühlen – so daß er in erster Linie durch das Licht leuchtet, das er von dem Stern reflektiert, um den er sich bewegt –, kann er dann im Zweifel wiederum als Planet eingestuft werden.

Lieber Merlin,

was ist die höchste Zahl an Sternen, die in einem Sternensystem gefunden wurden?

Merlins guter Freund Sir John Herschel meinte vor über einem Jahrhundert: »Der prächtige Kugelsternhaufen *Omega Centauri* ist jenseits aller Vergleiche das reichste und größte Objekt seiner Art am Himmel. Die Sterne sind buchstäblich zahllos …«

Wir wissen heute, daß dieser Sternhaufen über eine Million Sterne enthält, die fünfundzwanzigtausendmal dichter gepackt sind als die in der solaren Nachbarschaft.

Lieber Merlin,

was passiert mit Planeten, Monden oder anderen stellaren Körpern in der unmittelbaren Umgebung eines Sterns, der zur »Supernova« wird?

Alle Himmelskörper, die sich in seiner Nähe befinden, werden einer starken Strahlung auf allen Wellenlängenbereichen ausgesetzt – insbesondere Wellenlängen mit einer höheren Strahlungsenergie, wozu ultraviolette, Röntgen- und Gammastrahlen gehören. Die Schockwelle, die durch diese Strahlung ausgelöst wird, zerschlägt und verflüchtigt alle interstellaren Gaswolken in der Region. Anderweitig würden Planeten und Monde und Sterne davon nicht betroffen sein. Die unterschiedliche chemische Zusammensetzung des explodierenden Sterns wird zur interstellaren Bereicherung der Elemente beitragen, die schwerer als die ursprünglichen Elemente, Wasserstoff und Helium, sind. Aus dieser angereicherten interstellaren Suppe werden sich dann künftige Generationen von Sternen und Planeten und Monden verdichten, um Himmelskörper und Wesenheiten von zunehmender chemischer Vielfalt zu bilden, wie etwa *Leben*.

Lieber Merlin,

wenn ein naher Stern zur Supernova würde, weiß ich, daß wir es sehen würden, aber könnten wir es auch hören?

Im Weltraum kann nicht nur niemand hören, wenn Sie schreien, es kann auch niemand hören, wenn Sie explodieren.

Im Unterschied zum Licht braucht der Schall ein materielles Medium, in dem er sich bewegen kann (Luft, Feststoffe, Flüssigkeiten). Der interstellare Raum ist nicht absolut leer, aber leer genug, um eine verheerende Explosion wie eine Supernova lautlos ablaufen zu lassen.

Lieber Merlin,

ich habe einmal von einem Stern im Universum gelesen, der sich fünfhundertmal pro Sekunde dreht. Er muß doch eine gewaltige Masse und Gravitation haben, um die Zentrifugalkraft im Gleichgewicht zu halten. Wodurch entsteht überhaupt ein solcher Drall?

Wenn Sie eine Reihe langer, leicht hin und her schwingender Spaghetti in den Mund nehmen und reinziehen wollen, wackeln sie bei jedem Saugen immer stärker hin und her, bis sie Ihnen bei den letzten sieben Zentimetern schließlich garantiert ins Gesicht klatschen.

Wenn ein Eiskunstläufer, der sich langsam dreht, die Arme an den Körper heranzieht, dreht er sich schneller und schneller.

Wenn eine rotierende Gaswolke kollabiert, um einen Stern hervorzubringen, rotiert sie immer schneller, bis sie auseinanderbricht, sofern die Gravitation der Wolke nicht stark genug ist, um sie zusammenzuhalten.

Diese drei Szenarien sind Beispiele eines allgemeinen physikalischen Prinzips, wonach ein schrumpfender und rotierender Körper sich zunehmend schneller und schneller dreht. Ein Prinzip, das als die *Erhaltung des Drehimpulses* bezeichnet wird. Es funktioniert auf Ihrem Teller ebenso wie im Kosmos.

PS: Eiskunstläufer drehen sich nicht schnell genug, um auseinanderzubrechen.

Kapitel 9

Licht – Teleskope

Astronomen sind die Experten dieser Welt, wenn es um Licht geht. Die ganze Wissenschaft der Astronomie basiert auf dem Sammeln und Analysieren des Lichtes von Objekten , die sich nicht auf der Erde befinden. Wenn ein Objekt, das untersucht werden soll, auf der Erde ist, kann man hingehen, es nehmen und damit ganz nach Lust und Laune herumspielen. Ein Luxus, den die Astronomen nicht haben. Sie können nicht einfach die Hand ausstrecken und ein Stück von einem Stern nehmen, um es im Labor zu analysieren. Sie können nicht einfach die Hand ausstrecken und eine Galaxie schrägstellen und neigen, um einen anderen Blickwinkel zu erhalten. Sie können nicht die Geburt *und* den Tod eines Sterns beobachten, da Sterne eine Million (bis zu einer Billion) mal länger leben als Menschen. Kurz: Astronomen können ein Objekt oder Phänomen, das sie beobachten, nicht kontrollieren. In dieser Hinsicht ist die Astronomie die denkbar bescheidenste von allen Disziplinen. Es gibt jedoch enorme Mengen an Informationen, die aus dem Licht von Objekten am Himmel bezogen werden können. Daraus wurden in der Tat auch die Informationen über den Ursprung und die Expansion des Universums gewonnen.

Es gibt nur wenige Sparten, bei denen größer immer zugleich auch besser ist. Eine davon ist die Konstruktion von Teleskopen für Astronomen. Wie es beim Einsammeln von Regentropfen erfolgreicher ist, wenn sie mit einem Eimer statt mit einem Fingerhut aufgefangen werden, so ist es bei Teleskopen: daß nämlich größere Teleskope mit ihrer größeren Fläche auch mehr Licht als kleinere sammeln können. Womit sie es Astronomen ermöglichen, auch schwächer leuchtende, dunklere und entferntere Sphären des Universums zu erforschen.

Lieber Merlin,
wenn es Regenbogen von der Sonne und Mondbogen vom Mond gibt, gibt es dann auch Sternbogen?

Regenbogen erscheinen im allgemeinen, wenn es regnet und gleichzeitig die Sonne scheint.

Mondbogen erscheinen im allgemeinen, wenn Sie durch eine dunstige, halb lichtdurchlässige Wolke winziger Eispartikel den Mond anschauen.

Wenn gewöhnliche Sterne hell genug wären (etwa eine Million bis eine Milliarde mal heller), würden sie für ihre eigene Version dieser Bogen sorgen, die wir dann glücklich als »Sternbogen« bezeichnen könnten.

Nach diesem Namensmuster sollten wir Regenbogen jedoch umbenennen und besser von »Sonnenbogen« sprechen.

Lieber Merlin,

bewegen ultraviolettes Licht und sichtbares Licht sich schneller als Infrarotlicht?

Nein.

Jede elektromagnetische Wellenstrahlung bewegt sich exakt mit derselben Geschwindigkeit – der Lichtgeschwindigkeit. Dazu gehören in der Reihenfolge ihrer zunehmenden Energie:

Radiowellen	(Rot)
Mikrowellen	(Orange)
Infrarotstrahlen	(Gelb)
sichtbare Strahlen	(Grün)
ultraviolette Strahlen	(Blau)
Röntgenstrahlen	(Indigo)
Gammastrahlen	(Violett)

Lieber Merlin,

ich wüßte gerne, was mit dem Licht passiert, wenn es einen leeren Raum durchquert. Zerfällt es? Wird es langsamer? Wenn ja, welche Folgen hätte das für sein Aussehen? Würde sich seine Farbe oder Wellenlänge verändern?

Nach dem hinlänglich begründeten »Gesetz vom reziproken Quadrat der Entfernung« wird das Licht schwächer. Wenn Sie sich zum Beispiel dreimal soweit von einem Objekt entfernen, sieht es *neun*mal schwächer aus.

Wenn das Objekt, welches das Licht abgab, sich in Bewegung befindet – wie es bei den Galaxien in unserem expandierenden Universum der Fall ist –, kommt es zu einer Wellenlängenverschiebung (Farbverschiebung) des Lichtes. Vor dem Hintergrund des Spektrums kommt es bei Körpern, die sich fortbewegen, zu einer Rotverschiebung und bei Körpern, die sich nähern, zu einer Blauverschiebung. Die Pionierforschungen über die Verschiebung der Wellenlängen wurden im neunzehnten Jahrhundert von dem österreichischen Physiker Christian Johann Doppler anhand von Schallwellen erbracht. Rotverschiebungen und Blauverschiebungen werden demnach heutzutage ihm zu Ehren als »Doppler-Effekt« bezeichnet.

Die Lichtgeschwindigkeit bleibt unverändert und ist für alle Beobachter dieselbe.

Lieber Merlin,
wie viele Photone gibt die Sonne pro Sekunde ab?

Merlin hat sie in jüngerer Zeit nicht gezählt.

Wenn Sie soviel zu tun haben wie Merlin, haben Sie keine Zeit, jedes Photon zu zählen. Glücklicherweise können Sie die Antwort jedoch schätzen, indem Sie die gesamte Leuchtkraft der Sonne durch die durchschnittliche Energie teilen, die pro Photon abgegeben wird. Dabei handelt es sich um hinreichend untersuchte und dokumentierte Mengen.

Nach einigen Rechnereien auf seinem Abakus kommt Merlin auf schätzungsweise 10^{45} Photone pro Sekunde.

Lieber Merlin,
was ist ein Lichtjahr?

Ein Lichtjahr ist weder ein lichtes Jahr, noch ist darunter ein Zeitabschnitt zu verstehen. Ein Lichtjahr ist eine *Entfernung*, die etwa 9 460 500 000 000 Kilometern entspricht. Es ist die Entfernung, die ein Lichtstrahl innerhalb eines Erdenjahres im All zurücklegt.

Das ist ein nützlicher Maßstab, um kosmische Entfernungen zu beschreiben. Schließlich läßt sich zum Beispiel durchaus leichter aussprechen, daß der sonnennächste Stern Proxima Centauri 4,1 Lichtjahre, als daß er 38 700 000 000 000 Kilometer entfernt ist.

Lieber Merlin,

mich verwirren die Ausdrücke, die im Zusammenhang mit der Wahrnehmungsfähigkeit gebraucht werden. Was ist die schwächste Größenklasse, die mit bloßem Auge erkennbar ist? Was ist die schwächste Größenklasse, die mit meinem 7 x 50 Millimeter-Fernglas erkennbar ist? Und was ist die schwächste Größenklasse, die mit meinem 60 Millimeter-Refraktor, Linsenfernrohr, erkennbar ist?

Auf der von Astronomen zur Bestimmung der Helligkeit verwendeten invertierten logarithmischen Magnituden-Skala oder Größenklassenskala hat die Sonne eine Helligkeit von -26, der Vollmond von -12, die Venus (wenn sie am hellsten leuchtet) von -4, und Polaris, der Nordstern, liegt bei einer Helligkeit von 2.

Wenn Sie gute Augen haben, können Sie mit ungeübtem Auge bis zur 6. Größenklasse sehen. (Merlin spricht, nebenbei, lieber vom »ungeübten« statt vom »bloßen« Auge.) Damit können Sie etwa fünftausend Sterne, sechs Planeten, die Sonne, den Mond und Merlins Heimat – die Andromeda-Galaxie – sehen.

Mit Ihrem 7 x 50 mm-Fernglas wird es Ihnen möglich sein, bis zur 11. Größenklasse zu sehen. Womit Sie prompt einen Sprung von fünftausend auf fünf Millionen Sterne machen. Und darüber hinaus können Sie des weiteren noch Nebel, Sternenhaufen und viele Galaxien in Ihre Entdeckungsliste aufnehmen.

Mit Ihrem 60 mm-Refraktor werden Sie nicht wesentlich schwächere Objekte als mit dem 7 x 50 mm-Fernglas wahrnehmen können, aber das Bild wird erheblich vergrößert sein. Merke: Bei dieser »Vergrößerung« handelt es sich lediglich um eine Vergrößerung des bereits von der Hauptlinse (oder dem Spiegel) gelieferten Bildes.

Das Keck-Teleskop auf Mauna Kea, Hawaii, das einen Durchmesser von 10 m hat, kann Objekte bis zur 28. Größenklasse wahrnehmen. Und damit können wir unsere Liste um alle bekannten Quasare und Milliarden von Galaxien erweitern. Da größere Teleskope schwächere Objekte wahrnehmen, definiert das größte Teleskop der Welt den bekannten sichtbaren »Rand« des Universums.

Lieber Merlin,

wenn wir Aufnahmen von Röntgenquellen und Radiogalaxien sehen, lesen Wissenschaftler dann einfach bestimmte Lichtbänder, oder schicken sie das Licht durch irgendein spezielles Prisma?

Astronomen werden oft nach dem Lichttypus kategorisiert, den sie erforschen. Es gibt Radioastronomen und Mikrowellenastronomen und Infrarotastronomen und Gammastrahlenastronomen. Astronomen decken in der Tat das ganze Spektrum ab!

Jeder Teil des Spektrums verlangt seine eigenen speziell konzipierten Teleskope, Detektoren und Filter, um von den Objekten, die untersucht werden, ein Bild zu liefern. Ein übliches und nützliches Lichtband für optische Astronomen ist das »B«-Band, das dem blauen Wellenlängenbereich des Lichtes entspricht. Für Radioastronomen ist es die berühmte 21-Zentimeter-Wellenlänge, die vom Wasserstoffatom emittiert wird.

Wenn Teleskope auf diese und andere Bänder »eingestellt« sind, erzeugen ihre Detektoren Intensitätskarten, die ein Bild entstehen lassen, wie das Objekt in dem gewählten Wellenlängenbereich aussieht.

In der Spektroskopie wird Licht durch teure Spezialprismen geschickt, um alle Wellenlängen gleichzeitig zu analysieren; bei dieser Methode wird jedoch kein Bild hergestellt.

Lieber Merlin,

können Sie mir sagen, nachdem Astronomen heute das gesamte elektromagnetische Spektrum nutzen, welche künftigen Entwicklungen wir in dieser Hinsicht erwarten können?

Merlin kommt im Kosmos herum, er hat jedoch nie behauptet, die Zukunft zu kennen.

Bei der gegenwärtigen Forschung geht es, kurz gesagt, unter anderem um die kartographische Erfassung der galaktischen Struktur mit einem bisher nie dagewesenen Auflösungsvermögen von speziell ausgerüsteten Radioteleskopen.

Mikrowellenteleskope werden zur kartographischen Erfassung von dichten Gaswolken benutzt, bei denen erwartet wird, daß aus ihnen Sterne entstehen. Bodengestützte und satellitengestützte Infrarotteleskope werden zur Lokalisierung von Regionen genutzt, in denen Sterne entstehen und die von dichten Gaswolken umgeben sind. Sie können in der Nachbarschaft eines neu entstandenen Sterns auch Planeten entdecken, die sich im Verdichtungsprozeß befinden.

Optische Teleskope sind nach wie vor die Arbeitspferde der Wissenschaft. Eine Grenze in diesem Bereich stellt das Hubble-Weltraumteleskop mit seinem Hauptspiegel mit einem Durchmesser von 2,4 Meter dar. Seine Position über der unteren Erdatmosphäre ermöglicht äußerst präzise Messungen stellarer Eigenbewegungen, die vielfach auf die Präsenz von Planeten hinweisen. Es kann darüber hinaus mit einer bisher nie dagewesenen Genauigkeit auch Sternparallaxen messen, womit die kosmische Entfernungsleiter weiter verbessert werden kann.

Ultraviolette, Röntgen- und Gammastrahlenwellenlängen werden intensiv bei der Erforschung »aktiver Galaxien« genutzt. Diese breite Kategorie von Himmelswundern umfaßt Quasare, Seyfert-Galaxien, Starburst-Galaxien und jede Galaxie, bei der ein supermassives Schwarzes Loch der zentrale Motor sein kann, der für die extrem hohe Energieemission verantwortlich ist.

Andere Grenzen stellen nichtelektromagnetische Signale dar. Vorhersagen zufolge werden Neutrinos bei einem stellaren Kollaps freigesetzt. 1987 konnten Neutrinodetektoren erstmals erfolgreich die Emission energiereicher Neutrinos messen, die auf die hinreichend in den Medien bedachte »Supernova 1987a« in der Großen Magellanschen Wolke zurückzuführen war.

Und nicht zuletzt wartet die wissenschaftliche Gemeinde gespannt auf die Entdeckung von Gravitationswellen (die in Einsteins Allgemeiner Relativitätstheorie vorhergesagt wurden) von Körpern wie Supernovae oder explodierenden galaktischen Kernen und einem stellaren Gravitationskollaps.

Lieber Merlin,
welches ist das größte Teleskop der Welt?

Das größte Teleskop der Welt ist die nichtsteuerbare Radioteleskopschüssel in Arecibo, Puerto Rico. Sie hat einen Durchmesser von über drei Fußballfeldern und wurde in einen natürlichen Krater auf der Erdoberfläche hineingebaut. Das Teleskop kann durch Verschieben der Empfänger »ausgerichtet« werden, die hoch über dem zentralen Bereich der Schüssel angebracht sind.

Die größten optischen Teleskope sind die zwei Keck-Teleskope mit ihren aus kleineren Spiegeln zusammengesetzten Facettenspiegeln mit einem Durchmesser von insgesamt 10 Metern auf Mauna Kea, Hawaii.

Das größte einspiegelige optische Teleskop ist das 6 m-Spiegelteleskop auf dem Berg Semirodriki im Kaukasus.

Der größte Refraktor ist das 102 cm-Linsenfernrohr des Yerkes-Observatoriums in Williams Bay, Wisconsin.

Bei dem Very Large Array (VLA)-Radioteleskop, das rund achtzig Kilometer westlich von Soccoro in den Ebenen von St. Augustin in New Mexico steht, handelt es sich um ein Y-förmig angeordnetes Schienensystem, bei dem die drei Arme jeweils rund einundzwanzig Kilometer lang sind. An diesen Armen sind siebenundzwanzig mobile Parabolantennen mit einem Durchmesser von jeweils fünfundzwanzig Metern aufgestellt, die simultan von einem Zentralcomputer gesteuert werden können. Die von allen Antennen gesammelten Daten werden zusammengeführt, so daß im Endeffekt die Leistung eines Einzelspiegels mit einem Durchmesser von über sechsundfünfzig Kilometern erreicht wird.

Lieber Merlin,

wenn am Nord- und Südpol jeweils sechs Monate an einem Stück Dunkelheit herrscht, warum bauen Astronomen dann nicht Teleskope in diesen Regionen?

Die stabilsten Bedingungen für Beobachtungen in einem kuppelförmigen Teleskop sind gewährleistet, wenn die Lufttemperatur innerhalb der Kuppel mit der Lufttemperatur außerhalb der Kuppel übereinstimmt. Beobachtungsastronomen sind in der Regel ein hartgesottenes Grüppchen. (In vielen Observatorien, die auf Bergen liegen, fallen die Temperaturen im Winter häufig unter -17° Celsius.) Gleichwohl ist Merlin jedoch der festen Überzeugung, daß keiner von ihnen Lust hat, sein Leben in einer Teleskopkuppel aufs Spiel zu setzen, in der die Lufttemperatur bei den polaren Wintertemperaturen von 38° Celsius *unter Null* liegt.

Eine bequeme Lösung wäre es sicher, die Beobachtungen aus der Ferne, aus einem hundert Meter entfernten mollig warmen Beobachtungsraum durchzuführen, aber hier kommt noch ein weiterer Faktor, nämlich der der nördlichen und südlichen Polarlichter (Aurora borealis und Aurora australis), ins Spiel. Bei einem Sonnenfleckenmaximum können diese farbigen atmosphärischen Erscheinungen den Himmel an Hunderten von aufeinanderfolgenden »Nächten« erleuchten und somit herrlich die Beobachtungen behindern.

Lieber Merlin,

wie effektiv ist das Hubble-Weltraumteleskop für die Erderkundung und -betrachtung?

Es gibt bereits Satelliten, deren einziger Sinn und Zweck darin besteht, die Erde zu fotografieren. Das Hubble-Weltraumteleskop wäre mit Sicherheit leistungsstärker als alle anderen – ein idealer »Voyeur«. An einem klaren Tag könnte es bequem den Wagen beobachten, den Sie fahren.

Astronomen sind jedoch nicht daran interessiert, Milliarden von Dollar auszugeben, um ein Teleskop rund vierhundertachtzig Kilometer hoch in den Weltraum zu bringen, nur um dann durch die Atmosphäre hindurch wieder auf die Erde zu schauen.

Lieber Merlin,
kann das Hubble-Weltraumteleskop einige Sterne als »Scheibe« sehen?

Nein.

Das Hubble-Weltraumteleskop kann mit seinem Hauptspiegel mit einem Durchmesser von 2,4 Metern alle sonnengroßen Scheiben bis auf die Entfernung von etwa einem Lichtjahr sehen. Aber dort sind keine.

Es kann auch die Scheiben aller roten Riesen bis auf die Entfernung von etwa zwei Lichtjahren sehen. Aber dort sind ebenfalls keine.

Lieber Merlin,

ich habe eine Frage zur Lichtgeschwindigkeit. Mir wurde erzählt, daß die Masse eines Körpers größer wird, je näher seine Geschwindigkeit an die Lichtgeschwindigkeit heranreicht. Welche Theorie verbirgt sich dahinter?

Die Bewegungsenergie eines Körpers – seine kinetische Energie – hängt mit seiner Geschwindigkeit und seiner Masse zusammen. Wenn ein Körper in Bewegung ist, erhöhen wir normalerweise seine kinetische Energie, indem wir seine Geschwindigkeit erhöhen.

Bei Geschwindigkeiten, die einen zumindest nennenswerten Bruchteil der Lichtgeschwindigkeit darstellen, stellen wir fest, daß wir die kinetische Energie des Körpers noch erhöhen können, wovon dann aber auch die Masse betroffen ist.

Die Lichtgeschwindigkeit (299792 Kilometer pro Sekunde) hat sich bei Versuchen als eine physikalische Grenze für alle Geschwindigkeiten erwiesen. Die Natur scheint sich dieser kosmischen Geschwindigkeitsbegrenzung durchaus bewußt zu sein und reagiert auf die Erhöhung der Bewegungsenergie eines Körpers zugleich auch mit einer Erhöhung der Masse des Körpers.

Merlins guter Freund Albert Einstein beschrieb dieses Phänomen erstmals 1905 als eine Konsequenz seiner Speziellen Relativitätstheorie.

Kapitel 10

Galaxien – in rauhen Mengen

Wenn Sie mit Hilfe eines Teleskops über die nächtlichen Sterne der Milchstraße hinausschauen, sehen Sie zahllose verschwommene Pünktchen, die als Galaxien bezeichnet werden. Wir haben es dabei mit den entfernten gravitativen Ansammlungen von Milliarden von Sternen zu tun, die den Grundbestandteil des Universums darstellen. Für die Bewohner dieser Galaxien sehen die Milchstraße und die Andromeda-Galaxie wie verschwommene Pünktchen an ihrem nächtlichen Himmel aus.

Galaxien sind einzeln, paarweise, in Fünfergruppen und anderen Gruppen, in Haufen und in Superhaufen zu finden. Es gibt Galaxien, die hunderte Male massereicher oder bis zu zehntausende Male masseärmer als die Milchstraße sind.

Merlin ist der Meinung, daß Galaxien die herrlichsten aller Himmelswunder sind, die den Raum des Universums schmücken.

Lieber Merlin,

was ist das Entfernteste, was das bloße Auge am nächtlichen Himmel sehen kann?

Merlin schätzt, daß Sie an einem stark dunstigen, smoggeschwängerten Abend von Los Angeles aus etwa ein*hundert* Meter weit sehen können. Unter günstigen Bedingungen kann man jedoch erwarten, zwei *Millionen* Lichtjahre weit, bis zu Merlins Heimat, der Andromeda-Galaxie, zu sehen. Sie ist das entfernteste Objekt, das für das ungeübte Auge sichtbar ist. Die dreihundert Milliarden Sterne der Galaxie erscheinen wie ein kleiner verschwommener Fleck im Sternbild Andromeda.

Jeder andere Stern am Himmel gehört zu Ihrer eigenen Galaxis, der Milchstraße, und liegt im Bereich einiger tausend Lichtjahre von der Sonne entfernt.

Lieber Merlin,

wenn die Andromeda-Galaxie über zwei Millionen Lichtjahre entfernt ist, sehe ich dann, wenn ich mit dem Fernglas in den Himmel schaue, das Licht, das sie jetzt aussendet, oder ist das Licht zwei Millionen Jahre alt?

Sie sehen die Andromeda-Galaxie nicht so, wie sie ist und wo sie ist, sondern so, wie sie und wo sie vor über zwei Millionen Jahren war.

Die Photone, die Sie jetzt sehen, haben die Andromeda-Galaxie in der Dämmerung der geologischen Erdgeschichte, der Quartär-Periode, verlassen.

Lieber Merlin,
welche Galaxie ist unserer Galaxis am nächsten, Andromeda oder die Große Magellansche Wolke?

Mit zwei Millionen Lichtjahren ist die Andromeda-Galaxie mehr als zehnmal weiter als die zwei »Satelliten«-Galaxien der Milchstraße, die Große und die Kleine Magellansche Wolke, von unserer Galaxis entfernt.

Lieber Merlin,
wie viele Galaxientypen gibt es?

Es gibt drei Haupttypen: elliptische Galaxien, Spiralgalaxien (wie Ihre eigene Milchstraße) und irreguläre Galaxien.

Bei Quasaren, Seyfert-Galaxien, Radiogalaxien, Starburst-Galaxien, cD-Galaxien, linsenförmigen Galaxien und Zwerggalaxien handelt es sich allesamt um exotische Versionen und Kombinationen dieser drei Hauptkategorien.

Lieber Merlin,

welches sind die größten Galaxien? Sind es die elliptischen oder die spiralförmigen Typen?

Die gashaltigen Spiralgalaxien, aus denen Sterne entstehen, mögen schön sein, aber alle Rekorde halten die elliptischen Galaxien. Bei den größten, hellsten, kleinsten und schwächsten der bekannten Galaxien handelt es sich sämtlich um irgendeine Variante der elliptischen Galaxie.

Die cD-Galaxien sind in der Regel die größten aus der elliptischen Familie. Sie sind häufig als die Zentralgalaxie inmitten eines reichen Galaxienhaufens zu finden. Viele haben Mehrfachkerne, was den Verdacht nährt, daß ganze Galaxien in einem Akt von kosmischem Kannibalismus geschluckt wurden.

Eine typische cD-Galaxie hat eine mehr als zehnmal größere Masse als die gesamte Milchstraße.

Lieber Merlin,
wie viele Galaxien gibt es im Universum?

Milliarden und Milliarden und Abermilliarden.

Die letzten Schätzungen lagen irgendwo zwischen zehn Milliarden bis zu einhundert Milliarden Galaxien. Die am zahlreichsten vertretene Komponente des Universums sind möglicherweise die schwer zu entdeckenden Zwerggalaxien, die klein und schwach in ihrer Leuchtkraft sind. Die Daten von der »lokalen Gruppe«, einer Ansammlung von Galaxien, zu denen auch die Milchstraße gehört, lassen darauf schließen, daß es möglicherweise mehr Zwerge gibt, als alle anderen Galaxien zusammengenommen ausmachen.

Lieber Merlin,

wenn ich richtig verstanden habe, ist die Milchstraße das, was wir am Abendhimmel von der gewaltigen Spiralgalaxie sehen können, zu der wir und die Sonne gehören. Wo sind alle die helleren Sterne, von denen die meisten aus unserer Perspektive weit von der Milchstraße entfernt zu sein scheinen?

Die Erde und die Sonne sowie das ganze Sonnensystem sind in eine abgeflachte Spiralscheibe von Hunderten Milliarden von Sternen eingebettet, die als die Milchstraße, Galaxis, bezeichnet wird. Bei dem Band am nächtlichen Himmel handelt es sich um das gesammelte Licht der Sterne der Milchstraßenscheibe.

Auch *jeder andere* Stern, den Sie sehen, ist Teil dieser Scheibe, aber da wir so tief darin eingebettet sind, sehen wir überall am Himmel um uns herum Sterne.

Lieber Merlin,

soweit ich weiß, sind die Kugelsternhaufen kugelförmig um das Zentrum unserer Galaxis herum angeordnet. Wie konnten die Kugelsternhaufen, als die Milchstraße entstand, ihre ursprüngliche kreisförmige Anordnung beibehalten, während der Rest der Galaxis zu einer Scheibe in sich zusammenfiel?

Als aus der ursprünglichen sphärischen Gaswolke der Milchstraße (vor über zehn Milliarden Jahren) erstmals Sterne entstanden, wurde nur ein kleiner Bruchteil des Gases für die Entstehung der Kugelsternhaufen genutzt. Der Rest der Gaswolke kollabierte von oben und unten, über und unter der mittleren Ebene der Galaxis, so daß die Scheibe entstand – wenn eine Gaswolke mit einer anderen Gaswolke kollidiert, ist es wahrscheinlicher, daß sie wie zwei heiße Marshmallows miteinander verschmelzen, als daß die eine durch die andere hindurchgeht.

Jeder Kugelsternhaufen, der der Scheibe begegnete, konnte sich leicht seinen Weg durch die Gaswolken bahnen und auf der anderen Seite der Scheibe seine Umlaufbahn fortsetzen.

Nach dem Bild, das so im Endeffekt von der Milchstraße entstand, haben wir es mit einer abgeflachten gashaltigen Scheibe von alten und neuen Sternen mit einem sphärischen gasleeren »Halo« sehr alter Kugelsternhaufen zu tun.

Lieber Merlin,

ich war oft fasziniert, wenn ich in die Richtung von Sagittarius (Schütze) und Scorpius (Skorpion) schaute und wußte, daß ich dabei ins Zentrum unserer Galaxis blickte. Genauso weiß ich, wenn ich zum südlichen Teil von Auriga (Fuhrmann) blicke, der auch zur Milchstraße gehört, daß ich dann zum äußeren Rand der Galaxis, gegenüber dem Zentrum, blicke. Können Sie mir sagen, in welche Richtung (zu welchem Sternbild) wir (das Sonnensystem) uns bewegen, wenn wir uns um das Zentrum der Galaxis drehen? Und weiter: Welches Sternbild liegt in der Richtung, in die die Galaxis oder ein lokaler Galaxienhaufen sich bewegen?

Die Rotation Ihrer Galaxis schleppt die Sonne mit sich mit einer Geschwindigkeit von rund 210 Kilometern in der Sekunde in die Richtung des Sternbildes Vela, dem Segel des Schiffes. Die Milchstraße, die Andromeda-Galaxie und die ganze »lokale Gruppe« von Galaxien fallen mit einer Geschwindigkeit von rund 402 Kilometern in der Sekunde ins Zentrum eines großen Galaxienhaufens im Sternbild Jungfrau. So sieht die Darbietung dieses kosmischen Balletts aus.

Es gibt jedoch keinen Grund, sich wegen alldem Sorgen zu machen, da wir für die Zeit von mehreren Milliarden Jahren erst einmal keine größere intergalaktische Kollision erwarten.

Lieber Merlin,

wie konnten Astronomen die Dimensionen der Milchstraße messen? Ich begreife, daß wir auf der Erde die »rechte« und die »linke« Seite der Galaxis beobachten können, indem wir an zwei entgegengesetzten Punkten bei unserer Revolution (so nennen Astronomen einen Umlauf) Messungen vornehmen. Aber wie ist es mit der Höhe? Woher wissen wir, daß sie ein Teller mit einer kugelförmigen Ausbauchung im Zentrum ist?

Die Astronomen müssen erst noch herausfinden, wie man zweihundertfünfzig Millionen Jahre leben kann. So lange braucht die Sonne etwa, um sich um das Zentrum der Galaxis zu drehen. Womit sich die Frage von »rechten« und »linken« Maßen von selbst erübrigt.

Die Dimensionen der Milchstraße werden anhand verschiedener komplizierter indirekter Methoden ermittelt, die meistenteils die 21 cm-Radiowellen (die vom Wasserstoffatom emittiert werden) und die (von erhitztem Gas emittierten) Infrarotwellen nutzen, um die Präsenz von Gaswolken kartographisch zu erfassen. Dieses langwellige Licht dringt problemlos durch die Gas- und Staubwolken, die verhindern, daß wir die galaktische Struktur direkt »sehen« können.

Durch die Rotation der Galaxis finden wir Gaswolken, die sich mit unterschiedlichen Geschwindigkeiten relativ zum Sonnensystem bewegen. Durch sorgfältige Messungen, wo sie sich befinden und wie schnell sie sich bewegen, rekonstruieren wir den Standort des Sonnensystems in den Spiralarmen der Milchstraße.

Die »Höhe« kann von der Transparenz der Galaxisscheibe, wenn man von »oben« und »unten« durch das gasleere »Halo« (die Heimat der Kugelsternhaufen) hindurch zum Rest des Universums blickt, abgeleitet werden.

Die kugelförmige Ausbauchung ist in der großflächigen Infrarotfotografie über das galaktische Zentrum deutlich sichtbar.

Lieber Merlin,

ich bin zweiundvierzig Jahre alt, weil ich die Sonne zweiundvierzigmal umkreist habe. Wie alt ist die Sonne nach dieser Rechnung, wie oft hat sie das Zentrum der Galaxis umkreist?

Mit einer gewissen Hilfe seitens der Erde haben Sie die Sonne zweiundvierzigmal mit einer Geschwindigkeit von rund 29 Kilometern in der Sekunde umkreist. Die Sonne hat eine Umlaufgeschwindigkeit von etwa 209 Kilometern in der Sekunde. Aber selbst bei dieser rasenden Geschwindigkeit hat sie das Zentrum der Milchstraße nur etwa fünfundzwanzigmal in der fünfmilliardenjährigen Geschichte des Sonnensystems umkreist.

Offiziell ist die Sonne damit also in einem jugendlichen *galaktischen* Alter von zwanzig Jahren.

Lieber Merlin,
kommt es bei Galaxien jemals zu Kollisionen? Wie würden sie dann aussehen?

Für die Milchstraße besteht keine unmittelbare Gefahr, aber Galaxien, die reichen Haufen angehören, scheinen recht oft zu kollidieren. Die verschmelzenden Gravitationsfelder lösen ein Chaos unter den stellaren Umlaufbahnen aus – wodurch Sterne hin und her und durcheinander geworfen werden. Das Szenario, das sich hier abspielt, ist das galaktische Pendant eines Zugunglücks, das in einem Trümmerhaufen endet. Der Weltraum ist so riesig, daß die Sterne sich gegenseitig verfehlen, aber die größeren interstellaren Gaswolken kollidieren, erleben eine verstärkte Sternentstehung und bleiben nach der Kollision zurück.

Lieber Merlin,
wie kommt es, daß Galaxien ihre relativen Positionen im Universum nicht verlieren, obwohl wir uns alle durch den Weltraum bewegen?

Galaxien verlieren ihre relativen Positionen.

Sie können tatsächlich sogar beobachten, wie das geschieht, aber Sie haben wahrscheinlich Besseres zu tun. Würden Sie einhundert Millionen Jahre leben, könnten Sie sehen, wie viele Galaxien sich von ihrer derzeitigen Position um eine Distanz, die etwa ihrem Durchmesser entspricht, fortbewegen.

Lieber Merlin,

kann ein Mensch unsere Galaxis mit einem Raumschiff in einer menschlichen Lebensspanne durchqueren?

Im Gegensatz zu Captain Kirk und dem Raumschiff Enterprise – wo es die Regel ist, daß sie die Galaxis innerhalb einer Fernsehsendung durchqueren – unterliegt ein wirklicher Mensch in einem wirklichen Raumschiff den Beschränkungen der Lichtgeschwindigkeit. Das Licht, das Schnellste, was wir kennen, braucht einhunderttausend Jahre, um die Milchstraße zu durchqueren. So lange müssen Menschen erst einmal leben.

1905 führte Merlins guter Freund Albert Einstein die Spezielle Relativitätstheorie ein, die vorhersagt, daß die Zeit zunehmend langsamer tickt, je schneller man sich bewegt. Wenn Sie sich auf ein derartiges Abenteuer einlassen sollten, könnten Sie denkbarerweise so wenig altern, wie Sie möchten, was natürlich abhängig von Ihrer exakten Geschwindigkeit wäre. Ein Problem ergibt sich dann allerdings, wenn Sie zur Erde zurückkehren möchten (wobei unterstellt wird, daß Sie von dort gestartet sind). Die Erde wird sich inzwischen mehrere hunderttausend Jahre in die Zukunft bewegt haben, und Sie werden bei allen längst in Vergessenheit geraten sein.

Lieber Merlin,

mich verwirrt der Hubble-Effekt mit der Relation zwischen der Rotverschiebung und der Entfernung zu einer Galaxie. Ist diese Relation angenommen, oder wurde sie durch unabhängige Experimente bestätigt?

Ein weiterer guter Freund von Merlin, der amerikanische Astronom Edwin Hubble, stellte als erster vor über fünfzig Jahren die Relation zwischen der Fluchtgeschwindigkeit (Rotverschiebung) und der Entfernung der Galaxien her.

Frühere, von V. M. Slipher gesammelte Daten zeigten in der Verbindung mit denen von Hubble, daß die meisten Galaxien sich von der Milchstraße fortbewegen. Das war der erste Hinweis, daß wir Teil eines expandierenden Universums sind.

Die Relation zwischen Fluchtgeschwindigkeit und Entfernung wurde anhand der »Cepheiden«, einer Gruppe veränderlicher Sterne mit einer sehr hohen Leuchtkraft, ermittelt, die in nahegelegenen Galaxien sichtbar sind. Die Perioden ihrer Lichtveränderungen sind eng mit ihrer Leuchtkraft verknüpft. Mit Hilfe einiger einfacher Gleichungen kann die Entfernung für die jeweils in Frage stehende Galaxie ermittelt werden. Heute werden weitaus mehr Entfernungsindikatoren genutzt, um eine präzisere Relation zwischen Fluchtgeschwindigkeit und Entfernung als bei Hubbles ursprünglichen Ergebnissen herzustellen.

Sofern eine Galaxie für die ansonsten nützlichen und hilfreichen Entfernungsindikatoren zu weit entfernt ist, wird die Hubble-Relation als gültig angenommen und die Entfernung rein von der Fluchtgeschwindigkeit der Galaxie abgeleitet.

Lieber Merlin,

da sich nichts schneller als Licht bewegt, wie kann es dann Rotverschiebungen von einem größeren Wert als eins geben?

Rotverschiebungen im Universum messen einfach die tatsächliche »Verlängerung« der Wellenlängen des Lichtes, das von Galaxien ausgesendet wird, die sich von uns fortbewegen. Eine hinreichend schnelle Galaxie kann die Wellenlängen weit über den ursprünglichen Wert hinaus verlängern – und somit Rotverschiebungen von einem größeren Wert als eins erzielen.

Verwirrung entsteht dadurch, daß bei nahen Galaxien eine Faustformel (Rotverschiebung = v/c, wobei die Radialgeschwindigkeit der Galaxie (v) durch die Lichtgeschwindigkeit (c) dividiert wird) anstelle der exakten Formel genutzt wird, der die Prinzipien von Einsteins Spezieller Relativitätstheorie zugrundeliegen.

Lieber Merlin,

wie ich es verstehe, ist die Fluchtgeschwindigkeit von Galaxien proportional abhängig von ihrer Entfernung. Dabei geht es doch um Beschleunigung. Wodurch wird diese Beschleunigung verursacht? Um welche Beschleunigungsrate geht es?

Das Wort »Beschleunigung« ist, wenn es im Zusammenhang mit dem expandierenden Universum verwendet wird, ein irreführender Begriff. Es wäre präziser, von der »Expansionsrate« zu sprechen.

Die letzte Schätzung über die Expansionsrate des Universums liegt bei rund 24 Kilometern in der Sekunde für jede Million Lichtjahre von der Milchstraße. Das ist die berühmte »Hubble-Konstante«, die erstmals 1929 von Edwin Hubble geschätzt wurde.

Der Urknall, der Big-Bang, ist die Quelle der Urenergie, welche die Expansion des Universums in Gang setzte. Und seither hat die kollektive Gravitation aller Galaxien im Universum die Expansionsrate faktisch auf ihren derzeitigen Wert *verlangsamt.*

Lieber Merlin,

wenn wir in die eine Richtung schauen und sehen, wie sich eine Galaxie mit halber Lichtgeschwindigkeit fortbewegt, und wir dann in die entgegengesetzte Richtung schauen und sehen, wie sich eine Galaxie mit halber Lichtgeschwindigkeit fortbewegt, was würde eine Galaxie über die Bewegung der anderen sagen? Würde eine die andere so beobachten, daß sie den Eindruck hat, die jeweils andere bewege sich mit Lichtgeschwindigkeit fort?

Nach der allgemeinen Bewegungslehre, die vor dem zwanzigsten Jahrhundert galt, würden wir einfach zwei Geschwindigkeiten addieren, um eine Relativgeschwindigkeit der Lichtgeschwindigkeit zu erhalten. Aus der Physik des zwanzigsten Jahrhunderts wissen wir jedoch, daß die relative Bewegung bei Geschwindigkeiten nahe der Lichtgeschwindigkeit einen komplizierteren Ansatz erfordert.

Wenn eine der Galaxien voll und ganz über Einsteins Spezielle Relativitätstheorie informiert wäre, würde sie auf ihrem kosmischen Notizblock wahrscheinlich folgende Rechnung aufmachen:

$$V_R = \frac{V_1 + V_2}{\left[1 + \frac{V_1 \times V_2}{c^2}\right]}$$

$$V_R = \frac{\frac{c}{2} + \frac{c}{2}}{\left[1 + \frac{\frac{c}{2} \times \frac{c}{2}}{c^2}\right]}$$

$$V_R = \frac{c}{\left[1 + \frac{(\frac{c}{2})^2}{c^2}\right]}$$

$$V_R = \frac{c}{1 + (\frac{1}{4})}$$

$$V_R = \frac{4}{5} c$$

[V_R = Relativgeschwindigkeit
V = Geschwindigkeit
c = Lichtgeschwindigkeit]

Und wenn die Galaxie sprechen könnte, würde sie sagen: »Ich sehe, daß die andere Galaxie sich mit vier Fünftel der Lichtgeschwindigkeit von mir fortbewegt.«

Kapitel 11

Zeit, Raum und ein Gefühl, wo Sie sich befinden

Wir wollen uns am 5. Oktober im Jahr 2018 um 12.30 Uhr im achtundachtzigsten Stockwerk an der Ecke der 34. Straße und Fifth Avenue treffen.

Diese einfache Verabredung, die wir gerade getroffen haben, nutzt Zeiterfassungs- und Koordinatensysteme, die in einmaliger Weise einen einzigen Ort und Zeitpunkt im gesamten Universum benennen. Vor Augen halten sollten wir uns dabei jedoch, daß Kalender, Uhren, numerierte Straßenzüge und selbst große Bürogebäude erst erfunden werden mußten.

Zeitliche und räumliche Koordinaten sind zusammen bei jeder Verabredung erforderlich, aber mit seiner Relativitätstheorie half Einstein, diese zwei Mengen zu einer begrifflichen Einheit zu verschmelzen, der sogenannten *Raumzeit.* Die Relativitätstheorie setzt in der Kombination mit anderen Prinzipien ein profundes Umdenken über das Maß der Zeit, das Gefüge des Raumes, das Konzept der Masse und die Expansion des Universums in Gang.

Lieber Merlin,

was ist ein Äon? In einem meiner Lexika wird ein Äon als »der größte Prozentsatz der geologischen Zeit, die zwei oder mehr Ären umfaßt«, definiert. In einem anderen Lexikon wird ein Äon jedoch als »eine extrem lange und unendliche Zeitspanne von Tausenden und Tausenden von Jahren« definiert. Ich bin verwirrt.

Bei *Merlins Reise* wollte er dabeisein.
Er wußte nicht, wie lange ein Äon war.
Und Merlin sagte mit einem verschmitzten Grinsen
zu ihm: »Das sind eine Milliarde Jahre.
Warte also nicht darauf, jemanden wiederzusehen!«

Lieber Merlin,
was ist Zeit?

Die Periode zwischen zwei Ereignissen oder in der etwas existiert, geschieht oder handelt.
Webster's Neues Lexikon der englischen Sprache

Alles hat seine Stunde.
Für jedes Geschehen am Himmel gibt es eine bestimmte Zeit.
Ecclesiasten [Buch Kohelet 3.1]

Wenn ihr durchschauen könnt die Saat der Zeit
Und sagen: Dieses Korn sproßt und jenes nicht,
So sprecht zu mir, der nicht erfleht noch fürchtet
Gunst oder Haß von Euch.
Shakespeare

Das Leben großer Männer hält uns vor Augen,
daß wir unser Leben grandios gestalten
Und bei unserem Scheiden Fußspuren im Sand
hinterlassen können.
Henry Wadsworth Longfellow

Die Zeit ist so definiert, daß die Bewegungen einfach aussehen.
Albert Einstein zugeschrieben

Die gegenwärtige Zeit und die vergangene Zeit
Sind beide vielleicht gegenwärtig in der zukünftigen Zeit
Und die zukünftige Zeit vielleicht in der vergangenen Zeit enthalten.

T. S. Eliot

Die Zeit ist der Weg der Natur zu verhindern, daß alles auf einmal passiert.

Graffiti auf einer Toilettenwand

Die Zeit ist, was immer Ihre Uhr anzeigt.

Merlin

Lieber Merlin,

als ich ein Junge war, waren die Dinge noch geordnet und hatten ihre Regel- und Planmäßigkeit. Der erste Wintertag war der 21. Dezember, der erste Frühlingstag der 21. März etc.

Heutzutage scheinen die Buchhalter alle aus dem Gleis geraten zu sein. Die Jahreszeiten beginnen jetzt am 20., 22. und sogar am 23. Wie kommt es, daß wir die Sonne nicht mehr pünktlich den Äquator überkreuzen lassen können?

Merlin weiß nicht, welchen Kalender Sie benutzt haben, als Sie noch ein Junge waren, aber es war sicher nicht derselbe wie der, der von der ganzen westlichen Gesellschaft seit dem Jahr 1582 genutzt wird. (Es sei denn, Sie sind vierhunderteinundzwanzig Jahre alt.)

Die Erde braucht länger als 365 Tage (etwa 365 ¼ Tage), um die Sonne zu umkreisen, so daß der Anfang jeder Jahreszeit sich um diesen ¼ Tag pro Jahr weiter verschiebt. Um zu verhindern, daß die Jahreszeiten sich durch den ganzen Kalender systematisch immer weiter verschieben, fügen wir alle vier Jahre im Februar einen Schalttag ein.

Lieber Merlin,

es heißt, daß wir in einem vierdimensionalen Universum leben. Ich habe Schwierigkeiten, mir vier Dimensionen bildlich vorzustellen, möchte das Konzept jedoch gerne verstehen. Können Sie mir helfen?

Sie müssen nicht glauben, bei Ihnen stimme etwas nicht, nur weil Sie sich ein vierdimensionales Universum bildlich nicht vorstellen können – das ist durchaus in Ordnung. Wichtiger ist, zu verstehen, daß die vierte Dimension, die *Zeit*, mathematisch genau wie die drei geläufigeren Raumdimensionen behandelt wird.

Aus Merlins Sicht drückte Hermann Minkowski es 1908 noch am treffendsten aus, als er sagte, daß nie jemand einen Ort, außer zu einer Zeit, oder eine Zeit, außer an einem Ort, wahrgenommen hat, so daß »›Raum‹ für sich und ›Zeit‹ für sich völlig zu Schatten herabsinken und nur noch eine Union der beiden... Selbständigkeit bewahren« würde.

Lieber Merlin,

wenn mein Zwillingsbruder Sie zu Hause auf dem Planeten Omniscia in der Andromeda-Galaxie besuchen und dann zur Erde zurückkehren würde, würde er nach meinem Verständnis weniger schnell altern als ich. So wie mein Zwillingsbruder sich schnell von mir in Richtung Omniscia entfernt und wieder zurückkehrt, so entferne ich mich auch schnell von meinem Zwillingsbruder und kehre wieder zurück. Altere ich somit aus der Sicht meines Zwillingsbruders nicht auch weniger schnell?

Ihre Frage bezieht sich auf das berühmte »Zwillings-Paradoxon« von Einsteins Relativitätstheorie. Lassen Sie uns Ihren Zwillingsbruder »Jon« nennen und das Paradoxon noch einmal etwas detaillierter ausführen:

»Ron und Jon sind eineiige Zwillinge auf der zukünftigen Erde. Jon beschließt, den zwei Millionen Lichtjahre entfernten Planeten Omniscia in der Andromeda-Galaxie zu besuchen. Das ist eine lange Reise, aber dank der Fortschritte in der Raumschifffahrt kann Jon sie mit Fast-Lichtgeschwindigkeit zurücklegen. Nach Einsteins Relativitätstheorie wird Ron aus Jons Sicht weniger schnell altern, und Jon wird aus Rons Sicht weniger schnell altern. Bei gleichmäßiger Geschwindigkeit ist die Bewegung relativ, und so haben Jons und Rons Sichtweisen gleichermaßen Gültigkeit.

Jon bleibt nicht lange auf dem Planeten Omniscia und kehrt alsbald zu Ron zur Erde zurück. Dabei altert Ron aus Jons Sicht wiederum weniger schnell, und Jon altert aus Rons Sicht weniger schnell. Wenn Jon seinen Zwillingsbruder Ron wieder auf der Erde begrüßen kann, wer ist dann älter von den beiden?

Das Paradoxon löst sich, wenn wir fragen, wer in Wirklichkeit die Rundreise machte. Waren es Jon und sein Raumschiff, oder glitten die Erde und der Planet Omniscia zwei Millionen Lichtjahre durch den Weltraum und dann wieder dorthin zurück, von wo sie ausgegangen waren? Die Frage klingt absurd, aber die Antwort ist keineswegs klar.

Nach Einsteins Relativitätstheorie ist die Bewegung bei gleichmäßiger Geschwindigkeit relativ, nicht jedoch die beschleunigte (und verlangsamte) Bewegung.

Als Jon auf dem Planeten Omniscia abrupt zum Halten kam, rutschte ihm das Geschirr in seiner Raumschiffkochnische aus den Regalen. Ein Phänomen, das auf der Erde nicht auftrat, da die Erde ihre Bewegung nicht verlangsamte.

Bei seiner Rückreise beschleunigte Jon sein Tempo auf Fast-Lichtgeschwindigkeit, und der Ball, mit dem er spielte, rollte schnell in den hinteren Teil des Raumschiffes. Ron rollte auf der Erde indes nicht nach hinten, da die Erde keine Beschleunigung erfuhr.

Im Zwillings-Paradoxon zeigt Einsteins Relativitätstheorie, daß es der die Bewegung beschleunigende und verlangsamende Zwilling ist, der am wenigsten altert.

Das heißt also, daß Jon bei seiner Rückkehr jünger als Ron ist.

Lieber Merlin,

wenn der Schlüssel zur Zeitdilatation, Zeitdehnung, die Geschwindigkeit ist, sind wir darin nicht auch mit inbegriffen, da die Erde sich mit einer Geschwindigkeit von 29,7 km/s um die Sonne bewegt?

Ja.

Ein Beobachter auf der Sonne (der mit einer hitzebeständigen Uhr ausgerüstet ist), würde sehen, wie die Erde, ihre Bewohner und alle Zeiterfassungsgeräte und -einrichtungen in dreißig Jahren etwa eine Sekunde verlieren.

Lieber Merlin,
was ist ein Tachyon?

Ein Tachyon ist ein hypothetisches Elementarteilchen, das sich mit Überlichtgeschwindigkeit bewegen soll. Einsteins Spezielle Relativitätsgleichungen statten dieses Elementarteilchen mit einer Reihe wundersamer Eigenschaften aus:

1. Die langsamste Geschwindigkeit, mit der sich ein Tachyon bewegen kann, liegt leicht über der Lichtgeschwindigkeit.
2. Ein Tachyon kann eine unendliche Geschwindigkeit haben.
3. Sobald ein Tachyon Energie verliert, beschleunigt es seine Geschwindigkeit – wenn es hingegen Energie gewinnt, verlangsamt es seine Geschwindigkeit.
4. Es würde eine unendliche Energie erfordern, die Geschwindigkeit eines Tachyons auf die Lichtgeschwindigkeit zu verlangsamen.
5. Tachyonen können problemlos durch zehn Kilometer Blei hindurchdringen.
6. Für manche Beobachter scheint sich ein Tachyon in der Zeit rückwärts bewegen zu können. Das bedeutet: Wenn Sie Ihren Freunden mit Tachyonen eine Botschaft schicken würden, können diese die

Botschaft erhalten, *ehe* Sie sie überhaupt geschickt haben.

Tachyonen müssen jedoch erst noch entdeckt werden.

Lieber Merlin,

soweit ich weiß, berechnen Astronomen die genauen Zeitintervalle zwischen Daten auf der Grundlage der »Julianischen Periode«, die am 1. Januar 4713 v. Chr. beginnt. Warum wurde das Jahr 4713 v. Chr. ausgewählt? Warum nicht 4800 oder 5000 v. Chr.?

Die Julianische Periode ist die Gesamtzahl der Tage in 7980 Jahren, die, beginnend ab zwölf Uhr Mittag am 1. Januar 4713 v. Chr., fortlaufend durchgezählt werden. Der italienische protestantische Gelehrte Joseph Scaliger führte dieses Zeiterfassungsschema 1582 ein – in dem Jahr, als der Gregorianische Kalender eingeführt wurde, der in den meisten Ländern der Welt inzwischen die Norm ist.

Scaliger benannte diese Periode zu Ehren seines Vaters Julius. Sie sollte unabhängig von allen anderen Kalenderschemata sein, da hier nur die verstrichenen Tage gezählt wurden.

Es gibt nichts Besonderes oder Geheimnisvolles an dem Jahr 4713 v. Chr. Es wurde ein so lange zurückliegendes Jahr gewählt, damit es kein älteres, früher datierendes aufgezeichnetes astronomisches Ereignis gab. Abgesehen von dieser Bedingung bei der Festlegung, war das Datum als solches absolut willkürlich. Vor vierhundert Jahren gab es den heutigen Hang zu »runden« Zahlen noch nicht.

Die 7980jährige Periode wurde als das kleinste gemeinsame Vielfache des 28jährigen Sonnenzyklus, des 19jährigen Metonischen Mondzyklus und der 15jährigen römischen Indiktionsperiode gewählt.

Am Mittag des 1. Januar 2000 zählen wir den 2451545000. Julianischen Tag.

Lieber Merlin,

wann beginnt offiziell das einundzwanzigste Jahrhundert? Am 1. Januar des Jahres 2000 oder am 1. Januar des Jahres 2001?

Kalenderpuristen werden Ihnen sagen, daß das einundzwanzigste Jahrhundert am 1. Januar im Jahr 2001 beginnt. Nach dem derzeitigen christlich orientierten Gregorianischen Kalender folgte auf das Jahr 1 v. Chr. das Jahr 1 n. Chr. – es gab kein Jahr Null. Somit wurde die Jahrhundertrechnung um ein Jahr verschoben.

Aber ehe Sie sich darüber aufregen, sollten Sie sich einige Dinge vor Augen halten: 1. Der »Nullpunkt« jeder Zeitrechnung ist willkürlich. 2. Im Gregorianischen Kalender kam vor dem 10. Oktober 1582 kein Tag vor, denn erst hier wurde der Kalender offiziell eingeführt. 3. Der Gregorianische Kalender fängt nicht einmal an der »richtigen« Stelle an. Denn Bibelforscher siedeln die Geburt Christi im allgemeinen einige Jahre *vor* dem Jahr 1 n. Chr. an.

In Anbetracht all dieser willkürlichen Zählweisen sollte es wirklich keine Rolle spielen, welchen 1. Januar Sie wählen, um das einundzwanzigste Jahrhundert zu feiern. Und warum sollten Sie es nicht zweimal feiern?

Lieber Merlin,

was ist der Raum? Wie wird der Raum definiert?

Wenn es bei der NASA heißt, daß sie in den Weltraum fliegen, steht meist dahinter, daß ein *Raum*schiff in eine Umlaufbahn um die Erde oder anderswo im Sonnensystem geschickt wird.

Merlin stellt sich den Raum jedoch lieber als die Regionen zwischen allen Teilchen aller Atome des Universums vor. Nach dieser Definition kann die Materie als der begrenzende Rand des Raumes betrachtet werden.

Was bleibt, ist die rhetorische Frage: »Kann Raum in Abwesenheit von Materie existieren, wenn die Materie den Rand des Raumes definiert?«

Merlin überläßt Ihnen die Antwort auf diese Frage.

Lieber Merlin,
wie leer ist der leere Raum?

Wenn ein Kaninchen bei einer Zaubervorstellung in die »dünne Luft« verschwindet, sagt Ihnen niemand, daß die dünne Luft bereits über 10 000 000 000 000 000 000 (zehn Trillionen) Atome pro Kubikzentimeter enthält. In Laboratorien haben die allerbesten Vakuumkammern eben noch 10 000 Atome pro Kubikzentimeter. Der inter*planetare* Raum bringt es gar nur auf etwa 10 Atome pro Kubikzentimeter, während der inter*stellare* Raum sogar nur bei 0,5 Atomen pro Kubikzentimeter liegt. Die Auszeichnung für das Nichts muß jedoch an den inter*galaktischen* Raum vergeben werden. Dort ist es schwierig, mehr als 0,0000001 Atome pro Kubikzentimeter zu finden.

Es wird angenommen, daß es außerhalb des Universums, dort, wo es keinen Raum gibt, kein Garnichts gibt. Wir könnten diese hypothetische Region (wo wir mit Sicherheit Unmengen von Kaninchen finden) das *Nichts-Nichts* nennen.

Lieber Merlin,
wie kalt ist der Weltraum?

Wenn Sie im intergalaktischen Raum Stellung beziehen, um Ihr Frühstück einzunehmen, werden Sie feststellen, daß Ihre Pfannkuchen, Ihr Kaffee, das Eis in Ihrem Orangensaft und alles andere um Sie herum immer weiter abkühlt, bis schließlich -234,4° Celsius erreicht sind – die noch vom Urknall, Big-Bang, zeugende Temperatur des Universums. Auf der Kelvin-Temperaturskala wird diese Temperatur im allgemeinen als »Drei-Kelvin-Strahlung« bzw. »kosmische Hintergrundstrahlung« bezeichnet.

Sofern Sie beschließen, nahe an einen Stern heranzufliegen, wird die Temperatur, die Ihr Essen erreicht, entsprechend höher sein.

Lieber Merlin,

macht man sich eigentlich über die Umweltverschmutzung des Weltraumes Gedanken? Der Weltraum war doch eine urtümliche, unberührte Wildnis, bis der Mensch sie mit seinen wissenschaftlichen, militärischen und kommerziellen Bestrebungen und dem dabei anfallenden Müll zerstörte!

Der interplanetare Raum ist nicht so urtümlich und unberührt, wie Sie ihn beschreiben. Die Erde fängt *jeden Tag* über eintausend Tonnen Trümmer und Bruchstücke in Form von Meteoren und Mikrometeoren auf, von denen glücklicherweise jedoch fast alle in der Erdatmosphäre verbrennen. (Wobei wir nicht vergessen sollten, wie die Oberfläche des Mondes aussieht.)

Des weiteren tragen auch Trümmer von Satelliten und Raumschiffen zu einer ziemlichen »Verschmutzung« des Weltraumes bei. Wir haben inzwischen eine veritable Verkehrsgefahr für Weltraumreisende geschaffen – zumal der Großteil der Trümmer mit Geschwindigkeiten zwischen sechzehntausend und zweiunddreißigtausend Kilometern in der Stunde im All kreist.

Damit die Reisen ins All auch in Zukunft sicher bleiben, sollte der ganze weggeworfene Müll an Trümmern und Teilen nach Merlins Meinung in kleine Teile zerlegt und dann zur Verbrennung zurück in die Erdatmosphäre geschickt werden. Und interplanetare Reisende könnten ihre Trümmer und ihren Müll in Richtung Sonne wegwerfen.

Nach diesem Muster könnten alle Raumschiffe ihren Müll »entsorgen«.

Lieber Merlin,

stimmt es, daß alles, was nach oben geht, auch wieder herunterkommen muß?

Nein.

Manches von dem, was nach oben geht,
Gibt nie auf,
Wenn es nur heftig genug hochkatapultiert wird,
und erreicht Fluchtgeschwindigkeit.

Einiges von dem, was nach oben geht,
Kommt nie zurück,
Wenn es hoch in den Himmel katapultiert wird –
Die Luftreibung setzt es in Brand.

Für den Rest von dem, was nach oben geht,
Gilt von vornherein das alte Sprichwort,
Wenn es nur langsam vom Boden hochgebracht wird,
Daß das, »was nach oben geht, auch wieder
herunterkommt!«

Lieber Merlin,

gibt es im Weltraum Richtungen wie Ost und West, oder gibt es Oben und Unten?

Es ist wichtig für Sie zu testen,
Daß das, was für einen Menschen der Osten
Für den anderen der Westen ist.
Und da es im Weltraum kein Oben und Unten gibt,
Das, was des einen Menschen Lächeln,
Der trübselig heruntergezogene Mund des anderen ist.

Lieber Merlin,

können Sie einige Moleküle nennen, von denen wir wissen, daß sie im Weltraum existieren? Ich habe gehört, daß in interstellaren Wolken recht oft komplexe Moleküle aus Elementen entstehen.

Kalte interstellare Wolken sind reich an schweren Elementen, aus denen leicht komplexe Moleküle entstehen.

Einige sind bekannte »Haushalts«-Moleküle:

NH_3	Ammoniak
H_2O	Wasser

Einige sind tödlich:

CN	Zyan
CO	Kohlenmonoxid

Einige werden Sie ans Krankenhaus erinnern:

H_2CO	Formaldehyd
C_2H_5OH	Äthylalkohol

Und einige werden Sie wohl mit nichts verbinden:

N_2H+	Dinitrogenmonohydridion
HC_5N	Zyandiazetylen

Nach der letzten Zählung wurden über fünfzig Molekültypen entdeckt.

Lieber Merlin,

was bedeutet es nach Einsteins Allgemeiner Relativitätstheorie, daß der Raum sich krümmt? Wie kann der Raum sich krümmen?

Nach Isaac Newton ist die Gravitation eine Kraft, die auf die Entfernung zwischen zwei Massen wirksam wird.

Nach Albert Einstein ist die Gravitation jedoch eine Folge der Raumkrümmung. Ihre Geschwindigkeit in der Nachbarschaft einer Masse bestimmt, inwieweit Sie auf ihren gekrümmten Raum reagieren. Eine Planetenumlaufbahn wird zum Beispiel recht einfach als die Reaktion eines Planeten auf die Raumkrümmung in der Nachbarschaft der Sonne beschrieben. Die Geschwindigkeit des Lichts ist groß genug, so daß seine Bahn von der Sonne nur minimal beeinflußt wird.

In der Nachbarschaft bizarrer gravitativer Körper wie Schwarzen Löchern und Neutronensternen wird der Raum jedoch stark gekrümmt. Sie können Licht auf einer sorgfältig gewählten Bahn in Umlauf um ein Schwarzes Loch schicken.

In einem weitaus größeren Rahmen ist der gesamte Raum des Universums als Folge der kollektiven Gravitation von einhundert Milliarden Galaxien gekrümmt. Merlin hörte zufällig, wie Einstein eines Tages meinte: »Die Materie sagt dem Raum, wie er sich zu krümmen hat, und der Raum sagt der Materie, wie sie sich zu bewegen hat.«

Lieber Merlin,

ändern sich die derzeitigen Werte der Rektaszension nicht permanent (wenn auch langsam) durch die 26 000jährige Präzession der Erde? Es erscheint seltsam, daß ein Bezugswert variabel ist.

Das von Astronomen genutzte Koordinatensystem der Himmelssphäre verändert sich tatsächlich kontinuierlich. In den großen, von Astronomen genutzten Teleskopen sind Computer installiert, welche die Aufgabe haben, die Koordinaten umzurechnen.

Sie füttern den Computer mit den Koordinaten eines Objektes und dem Datum, an dem die Koordinaten gültig sind. Diese werden regulär Standardtabellen oder Sternenkarten entnommen. Der Computer »präzessiert« dann die alten Koordinaten zu den neuen, im Augenblick Ihrer Beobachtung zutreffenden Koordinaten.

Diese Veränderung ist normalerweise gering und würde vom ungeübten Auge in einer menschlichen Lebensspanne nicht bemerkt werden.

Lieber Merlin,

ich habe einen Artikel über IRAS 1349 + 2438 gelesen. Ich habe mich gewundert, was diese Zahlen zu bedeuten haben oder wie sie gewählt wurden, insbesondere das »Plus« und die zusätzlichen Zahlen.

Das Universum ist voller Geheimnisse.

Die meisten Kataloge über astronomische Körper enthalten Einträge in diesem Format.

Wenn wir daraus einen Satz machen sollten, würde der Satz heißen: »Infrared Astronomical Satellite-Katalog – Objekt entdeckt um 13 Uhr 49 Minuten Rektaszension und + 24° 38' Deklination auf der Himmelssphäre.« Bei diesen Koordinaten handelt es sich um die von den Astronomen vorgenommene Projektion des Längen- und Breitengradsystems der Erde auf den Himmel.

Lieber Merlin,

wir wissen, daß die Erde sich im Sonnensystem und das Sonnensystem sich in der Milchstraße (»Galaxis«) und die Milchstraße sich im Universum befindet. Aber wo befindet sich das Universum?

Um Ihre Frage zu beantworten, muß man den Bereich der wissenschaftlichen Untersuchungen verlassen und sich in den Bereich der Metaphysik begeben.

Merlin möchte Ihnen hierzu ein Beispiel geben:

Das Universum ist der Inhalt eines Schwarzen Loches mit einem Durchmesser von fünfzehn Milliarden Lichtjahren, das in ein noch größeres Universum eingebettet ist, von dem wir ein mikrokosmisches Unterteilchen sind.

Merke: Diese Darstellung beruht kaum auf wissenschaftlichen Daten und kann nicht verifiziert werden (da wir laut Definition nicht mit Regionen außerhalb dieses Universums kommunizieren können). Sie fällt in den Bereich des Geschichten- oder Märchenerzählens, nicht der Wissenschaft.

Kapitel 12

Schwarze Löcher, Quasare und das Universum

Sie verlassen jetzt das Universum

Was jetzt erwiesen,
war einst nur Phantasie.
William Blake

Lieber Merlin,

was genau ist ein Schwarzes Loch? Wie groß sind Schwarze Löcher? Woraus bestehen sie?

Ein Schwarzes Loch kann jede Größe haben.

Was alle Schwarzen Löcher gemeinsam haben, ist die Tatsache, daß das Licht ihnen nicht entkommen und entweichen kann. Ihre Gravitationskraft ist so groß, daß ihre Fluchtgeschwindigkeit die Lichtgeschwindigkeit übersteigt. Wenn Licht nicht entweichen kann, kann nichts entweichen.

Bei manchen Schwarzen Löchern handelt es sich um die letzte Entwicklungsstufe eines Sterns mit einer Masse, die mehr als das Zehnfache der Sonnenmasse beträgt.

Bei den Quasaren und vielen »aktiven« Galaxien wird davon ausgegangen, daß sie supermassereiche Schwarze Löcher (von bis zu einem Millionenfachen der Sonnenmasse) in ihrem Zentrum haben. Sie verschlingen Sterne, die ihnen zu nahe kommen.

Schwarze Löcher mit einer größeren Masse sind größer als Schwarze Löcher mit einer kleineren Masse. Schwarze Löcher wachsen, da sie fressen, was ihnen zufällt.

Eine Reise zu einem Schwarzen Loch ist eine »Einweg«-Reise ohne Rückkehr. Vielleicht möchten Sie sie lieber meiden.

Lieber Merlin,

ich verstehe nicht, wie ein Schwarzes Loch eine solche Dichte erreichen kann, daß es die Größe eines Atoms haben kann.

Das versteht auch sonst niemand.

Einsteins Relativitätsgleichungen tragen dem nie endenden Kollaps eines Schwarzen Loches auf recht natürliche Weise Rechnung – gleichgültig, wie sehr es den gesunden Menschenverstand übersteigt.

Wenn es eine Kraft geben sollte, die den Kollaps eines Schwarzen Loches verhindert, so muß sie erst noch entdeckt werden.

Lieber Merlin,
wie wirkt sich ein Schwarzes Loch auf die Zeit und die Masse aus?

Einsteins Allgemeine Relativitätstheorie beschreibt die Krümmung der Raumzeit in der Nachbarschaft eines Schwarzen Loches. Die Gleichungen zeigen, daß sich Ihre Zeit, wenn Sie in die Richtung eines Schwarzen Loches fallen, aus der Sicht eines Beobachters, der Ihnen aus einer sicheren Distanz zuschaut, verlangsamt und Ihre Masse sich erhöht. Sowie Sie sich dem »Ereignishorizont«, dem Rand eines Schwarzen Loches, nähern, kommt Ihre Zeit fast zum Stillstand, und Ihre Masse erhöht sich ins Unendliche.

Lieber Merlin,

was würde passieren, wenn ich in ein Schwarzes Loch fiele?

Wenn Sie mit den Füßen voran
In diesen kosmischen Abgrund tauchen,
Werden Sie nicht überleben,
Da es kein Entkommen gibt.

Die Gezeitenkräfte der Gravitation
Werden ein ziemliches Unheil anrichten,
Wenn Sie vom Kopf bis zum Fuß gestreckt werden.
Sind Sie sicher, daß Sie das erleben möchten?

Erleben, wie Sie die Atome Ihres Körpers sehen,
Die eines nach dem anderen
Vom Ereignishorizont geschluckt werden?
Spaßig wird es sicher nicht sein.

Lieber Merlin,

wenn die Sonne sich zu einem Schwarzen Loch entwikkeln würde, was würde mit der Umlaufbahn der Erde passieren?

Die bekannten Eigenschaften der Erdumlaufbahn hängen ausschließlich mit der *Gesamt*masse der Sonne zusammen. Würde die Sonne zu einem Schwarzen Loch verdichtet, bliebe ihre Masse unverändert und das Ganze folgenlos für die Erdumlaufbahn – der Sonnenaufgang wäre dann jedoch uninteressant.

Lieber Merlin,

ich verstehe, wie Pulsare an ihren Namen kamen. Es sind Sterne, die Lichtpulse emittieren. Wie aber kamen Quasare an ihren Namen? Diese astronomischen Körper gab es doch vermutlich vor dem *Quasar*-Markenfernseher?

1963 wurde im Third Cambridge Catalogue der Radiowellen emittierenden Körper ein Objekt entdeckt, das auf einer Photographie wie ein Stern aussah, aber Radiowellen von enormer Intensität emittierte. Seine Rotverschiebung ließ darauf schließen, daß es weiter entfernt und leuchtender als jede bekannte Galaxie war – ein Stern konnte es nicht sein. Es wurde treffenderweise als eine quasistellare Radioquelle oder kurz als »Quasar« bezeichnet.

Der *Quasar*-Fernseher tauchte etwas später auf. Im übrigen können der Astronomie auch noch weitere Produktnamen zugute gehalten werden: *Pulsar*-Uhren, *Galaxy*-Ventilatoren, *Mars* und *Milky Way* als Schokoriegel, *Comet*-Reiniger, *Celestial*-Tee, *Moonglo*-Badeöle, *Eclipse*-Farbe, *Universal*-Studios und Chevy *Nova*. (Obwohl bei letzterem Chevrolet möglicherweise doch noch einmal über den Namen ihres Wagens hätte nachdenken sollen, wenn man gewußt hätte, daß eine Nova ein gerade explodierter Stern ist.

Lieber Merlin,

Quasare sind für ihre große Entfernung und Leuchtkraft bekannt. Gibt es in unserer Galaxis irgendwelche Quasare? Wie weit ist der nächste Quasar entfernt?

Wenn es in unserer Galaxis irgendwelche Quasare gäbe, wüßten wir es mit Sicherheit (durch den Tod infolge der starken energiereichen Strahlung). Quasare haben eine um Hunderte und manchmal Tausende mal höhere Leuchtkraft als die ganze Milchstraße.

Der nächstliegende natürliche große Quasar ist 3C273, der ungefährlich und eine halbe Milliarde Lichtjahre entfernt ist.

Näher sind jedoch Galaxien mit »aktiven« Kernen, die einige Eigenschaften der klassischen Quasare teilen, aber nicht die gewaltige Abstrahlung an Radiowellen oder optischem Licht haben.

Lieber Merlin,

wenn unsere Astronomen einen Quasar auf die Entfernung von zehn Milliarden Lichtjahren sehen und feststellen können, wie er sich mit siebzigprozentiger Lichtgeschwindigkeit fortbewegt, kann dann gesagt werden:

1. daß der Quasar sich per heutigem Stand um weitere zehn Milliarden Lichtjahre fortbewegt hat,
2. daß seine Geschwindigkeit und Rotverschiebung so groß sind, daß wir ihn von heute aus nie zehn Milliarden Jahre entfernt sehen werden,
3. daß wir, wenn das Universum sich zusammenzieht, sehen dürften, wie einige Quasare näherkommen,
4. daß ich meinen Verstand untersuchen lassen sollte?

Merlin sagt zusammenfassend folgendes:

1. daß der Quasar sich, ja, per heutigem Stand um weitere zehn Milliarden Jahre fortbewegt hat;
2. daß einige Quasare, ja, heute in unserem expandierenden Universum nicht entdeckt werden, da sie dessen Ereignishorizont erreicht haben, wo ihre Spektren eine unendliche Rotverschiebung aufweisen;
3. daß Quasare (und der Rest des Universums) uns, ja, näherkommen und eine Blauverschiebung aufweisen, wenn sich das Universum zusammenzieht;
4. daß nur diejenigen, die nie Fragen stellen, ihren Verstand untersuchen lassen sollten.

Lieber Merlin,

was ist unter dem Begriff der fehlenden Masse im Universum zu verstehen? Woher weiß man zunächst einmal, daß sie eigentlich da sein sollte, und wieso wissen Astronomen, daß sie fehlt?

Das Problem der »fehlenden Masse«, das »Missing-mass-Problem«, wurde erstmals in den dreißiger Jahren dieses Jahrhunderts von dem Astronomen Fritz Zwicky erkannt. Es tritt am deutlichsten bei Galaxienhaufen zutage.

Der direkteste Weg, die Masse eines Haufens zu bestimmen, besteht darin, das Licht der einzelnen Galaxien zu addieren. Sofern die Relation zwischen dem sichtbaren Licht und der zugrundeliegenden Masse bekannt ist, läßt sich daraus die Gesamtmasse des Haufens ableiten.

Es gibt jedoch auch noch einen anderen Weg, die Masse eines Galaxienhaufens zu schätzen. Dabei wird von der Annahme ausgegangen, daß die Umlaufgeschwindigkeiten der Galaxien innerhalb des Haufens (ein leicht zu bestimmender Wert) von der Gesamtmasse des Haufens abhängig sind – in der direkten Konsequenz von Isaac Newtons Gravitationsgesetz. Nach dieser Methode werden bis zu einhundertmal *größere* Massenschätzungen als nach der ersten Methode erzielt. Die Theoretiker sprechen vom Problem der »fehlenden Masse«, während die Astronomen in den Sternwarten vom Problem des »fehlenden Lichtes« sprechen.

Die Diskrepanz ist nach wie vor nicht gelöst.

Lieber Merlin,

wo ist nach der Urknall-Theorie das theoretische Zentrum des Universums?

Mit der Entdeckung der Relativitätstheorie zeigte Albert Einstein im Jahre 1905 (und später Hermann Minkowski) mathematisch, daß die Zeit ebenso eine Dimension wie der Raum ist. Nach dem »Wo?« zu fragen heißt, ebenso nach dem »Wann?« zu fragen. Um die richtige Antwort auf Ihre Frage verdauen zu können, sollten wir zunächst in drei Dimensionen denken – in zwei Raumdimensionen und einer Zeitdimension.

Stellen Sie sich Galaxien vor, die auf die zweidimensionale Oberfläche eines Ballons aufgemalt sind. Dehnt der Ballon sich aus, kann Merlin fragen: »Wo ist das Zentrum des Ballons?« Und Sie werden wahrscheinlich sagen, in der Mitte – im Ballon. Aber die Oberfläche des Ballons, auf der Sie Ihre Malereien anbrachten, war nur im Zentrum, als Sie anfingen, den Ballon aufzublasen. Das Zentrum des Ballons existiert nicht auf seiner Oberfläche, abgesehen vom ursprünglichen Zeitpunkt, ehe der Ballon als solcher entstand.

Wenn Sie in unserem vierdimensionalen Universum – mit drei Raumdimensionen und einer Zeitdimension – fragen: »Wo ist das Zentrum? kann Merlin antworten: »Es lag überall im Raum bei Z = 0, am Anfang der Zeit und am Anfang des Universums.«

Lieber Merlin,
welchen Radius hat das Universum? Ist es theoretisch begrenzt?

In unserem expandierenden Universum bewegen sich die fernen Galaxien schneller fort als die nahegelegenen. Das ist eines der charakteristischen Merkmale der Urknallexplosion.

Der Radius des zu beobachtenden Universums kann somit als die Entfernung definiert werden, die eine Galaxie hätte, wenn sie sich von der Milchstraße mit Lichtgeschwindigkeit fortbewegte. Diese Entfernung nennt man den »Ereignishorizont« des Universums.

Über den genauen Wert wird nach wie vor diskutiert, aber die letzten Schätzungen bewegen sich alle zwischen zwölf und sechzehn Milliarden Lichtjahren.

Lieber Merlin,

was war vorher, ehe das Universum durch den Urknall entstand?

Der Beginn der Zeit wird nach dem Augenblick des Urknalls definiert. Merlin mag alt sein, er ist jedoch nicht älter als die *Zeit* selbst.

In der Astronomie und allen bekannten physikalischen Gesetzen wird das Erscheinungsbild und Verhalten des Universums *nach* dem Urknall beschrieben. Es gibt keine Beobachtungen, keine Experimente oder auch nur ein Quentchen von Daten, die einen Hinweis auf die Antwort zu Ihrer Frage liefern würden, ohne sich in den Bereich der Metaphysik zu begeben.

Lieber Merlin,

wenn jede Masse das Ergebnis des Urknalls vor zehn Milliarden Jahren ist (jede Masse vor der Expansion am selben Ort war), dann wurde das von einer Galaxie vor zehn Milliarden Jahren emittierte Licht »hier« emittiert und nicht zehn Milliarden Lichtjahre entfernt, wo die Galaxie jetzt ist. Wie können wir Licht sehen, das zehn Milliarden Jahre entfernt ist und vor zehn Milliarden Jahren erzeugt wurde, wenn die Galaxie damals in Wirklichkeit »hier« war?

Sie verwechseln Ihr Hier und Dort mit Ihrem Jetzt und Damals.

Wenn wir in der Ferne des Universums das Licht von Galaxien sehen, sehen wir das Universum nicht, wie es *ist*, noch wo es *ist*. Wir sehen es, wie es *war* und wo es *war*.

Die einzige Möglichkeit, wie es ein kosmisches »Jetzt« geben kann, ist dann gegeben, wenn alles am selben Ort ist. Das war im ersten Augenblick des Urknalls so und seither nie wieder.

Vergessen Sie nicht, daß Beobachter auf fernen Galaxien uns (die Milchstraße) auch am Rande des Universums sehen. Aber das Licht, das sie »jetzt« sehen, ist das, wie wir vor zehn Milliarden Jahren aussahen.

Ganz zweifellos gibt es auch auf einer dieser entfernten Galaxien jemanden, der Merlins Cousin die gleiche Frage stellt wie Sie.

Lieber Merlin,

wenn das Universum unendlich groß ist, rast dann nicht das Licht von weiteren ein- oder zweihundert Milliarden Galaxien jetzt, in diesem Moment der Erde entgegen? Und wenn es so ist, werden mondlose Nächte dann nicht bald so hell wie mondhelle Nächte sein?

Wenn das Universum unendlich groß und unendlich alt wäre und nicht expandieren würde, wäre der Nachthimmel durch die geballte Leuchtkraft aller Galaxien hell erleuchtet. Aber der Nachthimmel ist dunkel. (Es sei denn, natürlich, Sie leben in der Nähe der City von Los Angeles.) Dieses jahrhundertealte Problem wurde erstmals 1826 von Heinrich Wilhelm Matthäus Olbers formuliert und zu seinen Ehren das »Olberssche Paradoxon« genannt.

Dieses Paradoxon können wir lösen, indem wir uns zwei wichtige Merkmale des Kosmos vor Augen halten. Der sichtbare Rand des Universums liegt etwa fünfzehn Milliarden Lichtjahre entfernt – das heißt, daß es nicht unendlich groß ist. Darüber hinaus expandiert das Universum, was einen abschwächenden Effekt auf die Intensität des Lichtes hat, das von entfernten Galaxien zur Erde unterwegs ist. Diese beiden Dinge sorgen dafür, daß alle Bewohner des Universums dunkle, romantische Nächte haben.

Lieber Merlin,

Sie sagen uns, daß der Raum um uns herum langsamer expandiert als der Raum an den äußeren Rändern des Universums, was dann doch vermutlich heißt, daß die Wellenfront des Urknalls sich an den äußeren Rändern unseres Raumes befindet. Wenn die Reststrahlung, die von der Erde aus festgestellt wird, etwa bei 3° Kelvin liegt und meine vorhergehende Annahme richtig ist, wäre dann die Reststrahlung bis zu einem gewissen Grad in der Nähe der Wellenfront höher als bei unseren lokalen Messungen?

Nein.

Die Hintergrundtemperatur der Reststrahlung des gesamten Universums liegt *jetzt* bei etwa 3° Kelvin. Da Sie in der Gegenwart leben, ist das der Wert, der von Ihnen gemessen wird.

Wenn Sie die schnell expandierenden äußeren Bereiche des Universums beobachten, sehen Sie das Universum, wie es früher war. Hätten Sie in jener Epoche gelebt, hätten Sie ein bedeutend wärmeres Universum gemessen, da das Universum kleiner war und der Urknall erst kürzere Zeit zurücklag. Nur in dem Sinne könnten Sie als näher an der Wellenfront betrachtet werden.

Lieber Merlin,
wenn mein Raumschiff sich der Lichtgeschwindigkeit nähern würde, könnte ich dann der Expansion des Universums entkommen? Hängt es davon ab, ob das Universum unendlich oder endlich ist?

Merlin weiß nicht, warum Sie dem Universum entkommen möchten.

Wenn das Universum unendlich ist, wird es sich immer und ewig weiter ausdehnen, und Sie werden den Teil des Universums nie einholen, der sich bereits mit Lichtgeschwindigkeit von Ihnen fortbewegt.

Ist das Universum endlich, wird es eines Tages wieder kollabieren, und Ihre Reise an den »Rand« des Universums wird Sie dann dahin zurückbringen, wo Sie gestartet sind, da Sie sich wahrlich in einem kosmischen Kreis bewegt haben werden.

Der leichteste Weg, wenn Sie denn das Universum verlassen *müssen*, besteht darin, sich in ein Schwarzes Loch fallenzulassen. Dazu brauchen Sie nicht einmal ein Raumschiff – die Gravitation wird Sie geradewegs hineinziehen. Aus dem Innern des Ereignishorizontes kann keine Kommunikation mit der Außenwelt mehr stattfinden, und Sie werden nie mehr herauskommen. Sie werden das Universum für immer verlassen haben.

Lieber Merlin,

mit der Expansion unseres Universums nimmt die Gesamtmenge der »nützlichen« Energie kontinuierlich immer weiter ab und wird in Wärmeenergie oder thermische Energie umgewandelt (die Entropie steigt). Wenn es genug »fehlende Masse« gibt, um zu bewirken, daß das Universum eines Tages beginnt, sich zum Big Crunch, dem völligen Kollaps, zusammenzuziehen, heißt das in der Konsequenz, daß alle physikalischen Prozesse dann zu einer Erhöhung der nützlichen Energie (einem Verlust der Entropie) führen werden?

Niemand weiß es mit Sicherheit, aber es gibt zwei Meinungsrichtungen zum neuerlichen Kollaps des Universums:

Die eine behauptet, daß alle Gesetze der Physik bei der Expansion *und* Kontraktion des Universums weiter bestehen werden, so wie sie sind (einschließlich des Gesetzes der zunehmenden Entropie).

Die andere vertritt die Auffassung, daß die bei der Expansion verlorene Energie (erhöhte Entropie) bei der Kontraktion wiedergewonnen wird.

Merlin zieht die zweite Richtung vor.

Lieber Merlin,
was ist das entfernteste Objekt, das Astronomen bis heute im Universum gesehen haben?

Als Merlin das letzte Mal nachgesehen hat, war der Quasar PC1247 + 3406 mit einer Rotverschiebung von 4,897 das entfernteste bekannte Objekt im Universum. Er befindet sich im Sternbild Canes Venatici, Jagdhunde.

Er bewegt sich mit der allgemeinen Expansion des Universums mit fast fünfundneunzigprozentiger Lichtgeschwindigkeit von der Milchstraße fort und ist schätzungsweise mehr als zwölf Milliarden Lichtjahre entfernt.

Lieber Merlin,
wenn der Mond, die Erde, die Planeten, die Sterne und Galaxien rotieren, rotiert dann das Universum auch?

Es gibt keine Beweise, die diese Idee unterstützen.

Würde das Universum rotieren, würden wir es nur dann nicht merken, wenn unsere Milchstraße (»Galaxis«) sich im Zentrum der ganzen Rotation befände. Bei den Messungen der Rotverschiebungen der Galaxien können im Universum nur Bewegungen auf uns zu oder von uns weg festgestellt werden. Die Komponente einer aus unserer Sicht seitlichen Bewegung einer Galaxie wäre mit den heute existierenden Beobachtungsmethoden nicht meßbar.

Befände sich die Milchstraße irgendwo anders als im Zentrum des rotierenden Universums, würden die Messungen der Rotverschiebungen zeigen, wie große Teile des Universums auf uns zukommen, wie andere Teile sich von uns fortbewegen und noch wiederum andere Teile sich uns weder nähern noch sich von uns fortbewegen.

Das wurde jedoch noch nicht entdeckt.

Kapitel 13

Leben: Hier und dort

Die in der ganzen Astronomie am häufigsten gestellte Frage taucht in diesem Kapitel auf. Es scheint ein grundlegendes und weltweites Bedürfnis zu sein, wissen zu wollen, ob es Leben auf anderen Planeten gibt. Wenn wir uns allein die zu ergründende Größe und Beschaffenheit des Universums vor Augen halten, erkennen wir, wie unbesonnen es wäre, davon auszugehen, die Erde sei der einzige Planet, auf dem es Leben gibt.

Es ist nicht klar, wie außerirdische Lebensformen aussehen könnten. Aber auch in Zusammenhang mit dem Leben auf der Erde ist noch immer sehr vieles im ungewissen. Aber trotz dieser Unwissenheit ist und bleibt das Leben auf der Erde das Beispiel von Leben, wie wir es kennen. Und jede experimentelle Suche nach Leben wird wohl unweigerlich davon beeinflußt sein. Selbst in Science-fiction-Filmen ist es üblich, groteske (oder niedliche) außerirdische Wesen zu zeigen, die gleichfalls zwei Augen, eine Nase, einen Mund, einen Kopf, einen Hals, Arme und Finger haben. Wie häßlich dieses außerirdische Wesen auch sein mag, es ähnelt einem Menschen oft mehr, als ein Mensch anderen Lebensformen auf Erden, etwa einer Qualle, einer Amöbe oder einem Venusfliegenfänger, ähnelt.

Das nächste Jahrtausend der Erdzivilisation wird

vielleicht den interstellaren Raumverkehr eröffnen und damit die Chance erhöhen, noch jenseits von Merlin weiteres außerirdisches Leben zu finden.

Lieber Merlin,

hat das Wachsen von Pflanzen und Tieren irgendeinen nennenswerten Effekt auf das Bruttogewicht der Erde?

Das »Bruttogewicht« der Erde bleibt, wenn Sie die Ozeane und Atmosphäre einbeziehen, vom Wachsen der Pflanzen und Tiere unberührt.

Die Ozeane versorgen die Atmosphäre mit Wasser. Die Atmosphäre versorgt den Boden mit Regen. Die Pflanzen nehmen den Regen aus dem Boden auf und wachsen. Manche Tiere wachsen durch die Pflanzen, die sie fressen. Andere Tiere wachsen durch die Tiere, die sie fressen. In diesem geschlossenen Ökosystem wird dem ganzen und jedem Gewicht Rechnung getragen.

Lieber Merlin,

was würde passieren, wenn es keinen Mond gäbe? Welche Folgen hätte das für die Erde, die Ozeane, das Wetter, das Leben insgesamt auf Erden?

Würde der Mond verschwinden, stünde nicht zu erwarten, daß davon das Wetter oder Klima noch das Leben von Pflanzen, noch geologische Prozesse (wie Gebirgsbildung, Erdbeben usw.) sonderlich beeinflußt würden. Das gezeitenbedingte Strömen der Ozeane, die im Wechsel der Gezeiten gegen die Kontinentalschelfe schlagen, würde jedoch erheblich reduziert. (Die kleineren Gezeitenwirkungen durch die Sonne blieben hingegen bestehen.) Und in der Folge würde auch die Verlangsamung der Erdrotationsgeschwindigkeit reduziert.

Das Steigen und Fallen der Gezeiten wurde als historisch wichtig betrachtet für den Übergang des Lebens im Wasser, über die Amphibienphase bis zu den Landtieren. Ohne den Mond könnte es gut sein, daß Merlin Fragen beantworten würde, die ihm von Fischen gestellt werden.

Zu den verschiedenen anderen Folgen würden gehören: Daß die Bücher und Sagen über Werwölfe nie geschrieben worden wären. Daß es den Zeitabschnitt »Monat« entweder nicht gäbe oder dieser einen anderen Namen hätte. Daß es keine Apollo-Missionen der NASA gäbe. Und daß »Mondsüchtige« sich eine neue Identität suchen müßten.

Lieber Merlin,
welche Auswirkungen hätte die Sonne auf die Erde, wenn die Erde ihre Ozonschicht verlieren würde?

Ozon ist ein einfaches Gasmolekül, das sich aus drei Sauerstoffatomen zusammensetzt. Es ist vor allem in der oberen Atmosphäre zu finden, wo es über 99 Prozent der ultravioletten (UV) und Röntgenstrahlen der Sonne absorbiert. Würde die Erde aus irgendeinem Grund ihr schützendes Ozon verlieren, so würde eine Kette von Ereignissen ausgelöst, die das ökologische Gleichgewicht des Lebens, wie wir es kennen, wahrscheinlich neu festlegen würde.

- Bräunungsstudios könnten sofort mangels Nachfrage ihre Türen schließen.
- Die Menschen, insbesondere hellhäutige Personen, würden einen »Sonnenbrand« bekommen, sich Hautkrebs zuziehen und eine irreparable Schädigung der Netzhaut riskieren.
- Die Ernteerträge würden erheblich reduziert. Das Keimen und die Insektenresistenz werden bei vielen Pflanzen durch einen fehlenden Schutz gegenüber UV-Licht negativ beeinflußt. Zu dieser Liste gehören Sojabohnen, Mais, Weizen und Reis. Diese vier Nahrungsmittel decken über 65 Prozent der gesamten Kalorienaufnahme der fünf Milliarden Menschen auf der Welt.

- Das Phytoplankton würde vollständig absterben und somit der ozeanischen Nahrungskette die Grundlage entziehen wie auch eine wichtige Quelle des atmosphärischen Sauerstoffs zunichte machen.

In der Folge würde ein neues Ökosystem entstehen, das von den verbliebenen UV-resistenten Lebensformen beherrscht würde. Aber dazu käme es erst, nachdem der Großteil der menschlichen Bevölkerung und ein Großteil der Fischpopulation verhungert wären.

In der Zeit, in der Sie diese Antwort gelesen haben, wurden über tausend Tonnen ozonzerstörende Chlorfluorkohlenwasserstoffe durch Deosprays, Farbensprays, entwichene Kühlmittel und Haarsprays in die Atmosphäre freigesetzt.

Lieber Merlin,

kennen Sie jenseits von unserer Sonne noch einen anderen Stern, der ein Sonnensystem mit Planeten hat?

Bei den meisten Sternen im Universum wird davon ausgegangen, daß sie Planeten haben. Aber Planeten senden als solche kein sichtbares Licht aus – nur das reflektierte Licht von dem Stern, um den sie sich auf ihrer Umlaufbahn bewegen.

Externe Sonnensysteme, die gerade am Entstehen sind, emittieren jedoch (unsichtbares) Infrarotlicht, das von speziell konzipierten Infrarotteleskopen aus dem Orbit wahrgenommen werden kann. Bisher wurden allerdings nur wenige Sterne entdeckt, die diese Art von Trümmern (Wolken, Elementarteilchen etc.) um sich im Umlauf haben. Der bekannteste von ihnen ist der Stern Wega im Sternbild Lyra (Leier).

Lieber Merlin,

wie hoch ist die statistische Wahrscheinlichkeit, daß es noch andere Planeten ähnlich wie die Erde in anderen Sonnensystemen und auch noch andere Galaxien gibt?

Da die Sonne (ein unauffälliger, gewöhnlicher Stern) mindestens neun Planeten hat, sehen wir Planeten als etwas recht Gewöhnliches im Universum an. Lassen Sie uns aus mathematischen Vereinfachungsgründen einmal davon ausgehen, daß jeder Stern zehn Planeten hat.

In allen Galaxien im Universum gibt es ungefähr 1 000 000 000 000 000 000 000 (eine Trilliarde) Sterne. Etwa die Hälfte aller dieser Sterne sind Teile von Doppel- oder Mehrfachsystemen, welche die Umlaufbahn eines Planeten unstabil machen. Etwa die Hälfte der übrigen Sterne entstand im frühen Universum, als es noch keine schwereren Elemente als Wasserstoff und Helium gab, aus denen Planeten hätten entstehen können.

Ein besonderes Merkmal des Planeten Erde (und von Merlins Heimatplanet Omniscia) besteht darin, daß er sich in der richtigen Entfernungszone von der Sonne befindet, um *flüssiges* Wasser zu behalten, was ein wesentlicher Bestandteil des Lebens ist, wie wir es kennen. Die »Breite« dieser besonderen Zone ist für Sterne, die wesentlich kälter als die Sonne sind, extrem gering. Sie sind schlechte Kandidaten als erdähnliche Planeten. Und neunzig Prozent aller Sterne fallen in diese Kategorie.

Und für den Rest der Sterne zeigt Merlins Abakus, daß, wenn nur etwa einer von zehn Planeten (wenn wir Ihr Sonnensystem als Modell nehmen) flüssiges Wasser behalten kann, uns rund 25 000 000 000 000 000 000 (25 Trillionen) erdähnliche Planeten im Universum bleiben.

Von diesen Planeten den Bruchteil derer zu schätzen, auf denen es »intelligentes« Leben gibt, ist weitaus spekulativer.

Lieber Merlin,
könnten die Ringe um die anderen Planeten des Universums Überreste von Objekten enthalten, die von Menschen aus einer Zivilisation geschaffen wurden, die einst einen der explodierten Planeten bewohnte?

Merlin hat nie einen Planeten explodieren sehen, noch kennt er irgendeinen physikalischen Grund, warum ein Planet explodieren sollte, noch hat er je »von Menschen gemachte« Objekte in einer anderen Zivilisation gesehen.

Wenn es jedoch auf einem anderen Planeten außerirdische Wesen gäbe, die »von Außerirdischen gemachte« Objekte besäßen, und ihr Planet würde explodieren, und die Explosion würde nicht alle ihre kulturellen Artefakte zerstäuben, und die Trümmer kämen in die Nachbarschaft eines anderen Planeten, und diese Trümmer hätten gerade die richtige Geschwindigkeit und den richtigen Bewegungswinkel, um in die Umlaufbahn um diesen anderen Planeten zu gelangen, dann, ja, dann könnten archäologisch interessante Objekte in den Ringen einiger Planeten gefunden werden.

Lieber Merlin,

ich lese gerne über die Möglichkeit, daß es anderswo noch Planeten im Universum gibt, die der Erde ähnlich sind. Angesichts der Nichtbereitschaft und Abneigung der Leute hier und in anderen Ländern, Menschen anderer Rasse oder mit einem anderen ethnischen Hintergrund zu akzeptieren, obwohl wir im Grunde doch alle gleich sind, was glauben Sie, wie wir intelligentes Leben aus einer anderen Welt aufnehmen würden, ein Leben, das vielleicht völlig anders wäre als irgend etwas, was wir kennen?

Es gibt in dieser Hinsicht durchaus Hoffnung.

Die Erdbewohner scheinen Merlin von der Andromeda-Galaxie akzeptiert zu haben. Und sie schreiben sogar an Merlin unter folgender Adresse:

Merlin
c/o *Star Date*
The McDonald Observatory
University of Texas at Austin
Austin, Texas 78712/USA

wenn sie Fragen zur Astronomie und zum Weltraum haben.

Postskriptum

Wenn Sie jetzt kosmisch etwas
 aufgeklärter sind,
Und wenn Sie jetzt wissenschaftlich etwas
 mehr auf dem laufenden sind,
Und wenn Sie dem Universum jetzt
 verbunden sind,
Dann werden Sie keine Mühe mehr haben,
 nach oben zu schauen.

Merlin

Anhang

Zahlentabelle

1	eins	10^{0}
10	zehn	10^{1}
100	einhundert	10^{2}
1 000	eintausend	10^{3}
1 000 000	eine Million	10^{6}
1 000 000 000	eine Milliarde	10^{9}
1 000 000 000 000	eine Billion	10^{12}
1 000 000 000 000 000	eine Billiarde	10^{15}
1 000 000 000 000 000 000	eine Trillion	10^{18}
1 000 000 000 000 000 000 000	eine Trilliarde	10^{21}

1 mit 100 Nullen	Zehn hoch hundert 10^{100}
1 mit Zehn hoch hundert Nullen	Zehn hoch hundert plex $10^{\text{Zehn hoch hundert}}$

Glossar der verwendeten Fachausdrücke

Abgeplattetes Sphäroid: Eine gequetschte Kugel, in eine einem Hamburger nicht unähnliche Form gepreßt.

Äquinoktium: Die zwei Tage im Jahr, an denen das Zentrum der Sonnenscheibe den Himmelsäquator – die Projektion des Erdäquators auf die *Himmelskugel* – kreuzt. Der erste dieser beiden Tage ereignet sich im März und wird als das Frühlingsäquinoktium oder der Frühlingsanfang bezeichnet. Der zweite ereignet sich im September und wird als das Herbstäquinoktium oder Herbstanfang bezeichnet.

Atom: Das kleinste Teilchen eines chemischen Elements, das die Identität des Elements bewahrt und normalerweise aus Elektronen, Protonen und Neutronen zusammengesetzt ist.

Atomkern: Der innerste Bereich eines *Atoms*, der *Protone* und *Neutronen* enthält.

Auflösungsvermögen: Die Fähigkeit eines Licht empfangenden Instrumentes, Gerätes, einer Kamera, eines Teleskops, eines Mikroskops usw., Details herauszubringen und wiederzugeben. Das Auflösungsvermögen wird mit größeren Linsen oder Spiegeln stets verbessert.

Aurora Australis (Südlichter): Sie werden erzeugt, wenn energiegeladene Partikel, die von der Sonne ausgesendet werden und in Spiralen (um die Magnetlinien) zum magnetischen Südpol der Erde wandern, mit Molekülen in der Erdatmosphäre kollidieren. Diese Kollisionen lassen den Himmel vorübergehend unter tanzenden Lichterscheinungen erglühen.

Aurora Borealis (Nordlichter): Hier gilt das gleiche wie bei Aurora australis, den Südlichtern, nur mit dem Unterschied, daß hier die Lichterscheinungen durch energiegeladene Teilchen erzeugt werden, die in spiralförmigen Bewegungen zum magnetischen Nordpol der Erde wandern.

Big Bang (Urknall) – siehe **Urknall.**

Blauverschiebung: Die Verkürzung der gemessenen Wellenlänge des Lichtes, die auftritt, wenn sich die Lichtquelle auf den Beobachter zubewegt. Da die Bewegung relativ ist, tritt diese Verschiebung auch auf, wenn der Beobachter sich auf die Lichtquelle zubewegt.

Breite: Die Breite ist auf der Erde die Koordinate, mit der der Winkelabstand vom Äquator gemessen wird. Die Lage des Äquators wird mit null Grad und die der Pole mit 90 Grad Nord und 90 Grad Süd angegeben.

Celsius-Temperaturskala: Benannt nach Anders Celsius (1701–1744), dem Chemiker, der 1742 als erster die Temperaturskala mit dem Wassergefrierpunkt bei 0° und dem Wassersiedepunkt bei 100° entwickelte. Sie wird auch als die »Hundertgradskala« bezeichnet.

Deklination: Die Projektion der *Breiten*grade der Erde auf die *Himmelssphäre*. Die geographische Breite der Erde wird in Graden nördlich oder südlich vom Äquator angegeben, während die Deklination in positiven und negativen Graden angegeben wird.

Doppler-Effekt: Benannt nach Christian Doppler (1803–1853), der mit seiner Arbeit Mitte des neunzehnten Jahrhunderts Pionierleistungen in der Erforschung der Veränderung in der Tonhöhe (Frequenz) von Schallwellen erbrachte. Die Erhöhung der Tonfrequenz tritt ein, wenn die Schallquelle näherkommt oder sich wegbewegt. Diese »Dopplerverschiebung« wurde später als ein allgemeines Phänomen erkannt, das bei jeder Wellenform auftritt.

Dynamik: Die Erforschung der Auswirkungen von Kräften auf die Bewegung von Körpern. Wenn es dabei um die Bewegung von Körpern im Sonnensystem und Universum geht, wird sie oft als Himmelsmechanik bezeichnet.

Ebene: Ein vorgestellter Bereich im Raum, der breit und flach ist. Die Ebene wird üblicherweise in Bezug zu Umlaufbahnen und deren Ausrichtungen angesetzt. Zum Beispiel: »Die Erdachse ist um 23 ½ Grad gegenüber der *Ebene* des Sonnensystems geneigt.«

Eigenbewegung: Die systematische Bewegung eines Körpers, wie sie vor einem entfernteren Hintergrund erscheint. Anders als bei der *Parallaxe* beruht die Eigenbewegung auf der tatsächlichen Bewegung eines Körpers im Raum und nicht auf einer Verschiebung des Blickwinkels des Beobachters.

Einundzwanzig-Zentimeter-Linie (21 CM): Eine charakteristische Linie im *Spektrum* von Wasserstoffgas. Das einsame Elektron des Wasserstoffatoms kippt gelegentlich in der Richtung seiner Eigenrotation im Atom um. Dadurch wird ein einundzwanzig Zentimeter langes Radiowellen*photon* ausgesendet, das problemlos die das Licht im allgemeinen verdunkelnden Wolken bzw. den verdunkelnden Staub des interstellaren Mediums durchdringen kann.

Elektrolyse: Die Zersetzung von atomaren Verbindungen mittels elektrischem Strom.

Elektron: Ein negativ geladenes subatomisches Teilchen. Es kommt im ganzen Universum etwa in gleicher Zahl mit den positiv geladenen *Protonen* vor.

Elemente: Die Grundeinheit jeder Materie. Praktisch jede Materie im Universum setzt sich aus den in der Natur vorkommenden zweiundneunzig Elementen zusammen, die vom leichtesten Atom, Wasserstoff (mit einem Proton in seinem Kern), bis zum schwersten in der Natur vorkommenden Element, Uran (mit zweiundneunzig Protonen in seinem Kern), reichen. Elemente, die jenseits des Urans sind, werden in Laboratorien hergestellt.

Entropie: Ein Maß für die *Un*ordnung in einem System. In geschlossenen Systemen, wo äußere Einflüsse ausgeschlossen sind, wurde in Versuchsreihen festgestellt, daß die Entropie immer zunimmt. Wo immer die Entropie abnimmt (d. h. die Ordnung und Struktur abnimmt), erfolgt dies stets zu Lasten eines äußeren Systems, das Energie liefert.

Ereignishorizont: Die poetische Bezeichnung für den Grenzbereich um ein *Schwarzes Loch*, in dem Licht nicht entweichen kann. Der Ereignishorizont kann als der »Rand« eines Schwarzen Loches definiert werden. Dieser Ausdruck wird für den sichtbaren Rand des Universums verwendet.

Fahrenheit-Temperaturskala: Benannt nach Gabriel Fahrenheit, der als erster die Skala beschrieb, wonach der Gefrierpunkt von Wasser bei 32° und der Siedepunkt von Wasser bei 212° angesiedelt wurde.

Fluchtgeschwindigkeit: Die Fluchtgeschwindigkeit oder Entweichgeschwindigkeit ist die spezielle Geschwindigkeit, die ein Planet, Stern oder sonstiger Körper benötigt, um die Gravitation eines anderen Körpers zu überwinden und ihm zu entkommen. Bei allen Geschwindigkeiten, die unter der Fluchtgeschwindigkeit liegen, wird der angezogene Körper immer wieder auf den anziehenden zurückkommen.

Fusion (Kernverschmelzung): Die Verschmelzung kleinerer Atome zu größeren Atomen. Wenn dies bei Atomen geschieht, die leichter als Eisen sind, wird Energie freigesetzt. Die Hauptenergiequelle der Atomwaffenarsenale auf der Welt und aller Sterne im Universum ist die Fusion. Sie wird auch als »*thermonukleare* Fusion« bezeichnet.

Galaktische Haufen: Sternenhaufen jeden Alters, die in der Scheibe der spiralförmigen Milchstraße (»Galaxis«) geboren wurden. Sie umfassen in der Regel weniger als einige tausend Sterne (vergleiche *Kugelsternhaufen*). Große *Gaswolken*, wie sie sich in der Scheibe der meisten spiralförmigen Galaxien befinden, gewährleisten, daß galaktische Haufen auch weiterhin geboren werden.

Gaswolken: Wolken aus Wasserstoff, Helium und Spuren von schwereren Elementen. Sie sind im interstellaren Raum die Hauptbestandteile in der Scheibe spiralförmiger Galaxien.

Gestrecktes Sphäroid: Eine Kugel, die in eine einem Hot dog oder amerikanischen Football ähnliche Form gepreßt wurde.

Gleichgewicht: Ein chemischer oder dynamischer Zustand, bei dem die gemessenen Werte aller relevanten Mengen gleichbleiben.

Halo: Die große sphärische Region um die Milchstraße (»Galaxis«), welche die Kugelsternhaufen enthält. Sie ist weitestgehend frei von interstellarem Gas und Staub.

Himmelsäquator: Die Projektion des Erdäquators auf die *Himmelssphäre*.

Himmelssphäre: Das ist der gesamte Himmel, als wäre alles, was dazu gehört (Sterne, Planeten, Sonne, Mond etc.), im Innern einer riesigen Kugel, mit der Erde im Zentrum, eingebettet. Es ist ein äußerst hilfreiches Konzept zur Bestimmung der Koordinaten und Positionen von Himmelskörpern.

Hundertgrad-Temperaturskala: Die frühere Bezeichnung der Celsius-Skala, die bis 1948 verwendet wurde, als sie per Verfügung der 9. Allgemeinen Konferenz über Gewichte und Maße in Celsius geändert wurde. Siehe auch *Celsius-Temperaturskala*.

Impuls (Dreh-, Linearer): Der Dreh- und lineare Impuls werden durch jeweils spezielle Formeln beschrieben. Allgemein können wir darin jedoch das Bestreben eines Körpers sehen, sich (mit der gleichen Winkelgeschwindigkeit) weiterzudrehen bzw. sich weiter auf einer geraden Linie (linear) zu bewegen. Der Impuls ist eine der »erhaltenen« Mengen in der Natur, d.h. der Impuls in einem geschlossenen System bleibt unverändert.

Indiktionszyklus: Der im späten Römischen Reich gültige fünfzehnjährige Zyklus für die Festsetzung der Vermögenswerte an Grund und Boden für die Erhebung der Grundsteuer.

Internationale Astronomische Union (IAU): Die größte weltumspannende Organisation von Astronomen. Sie fördert und veranstaltet unter anderem Konferenzen und Tagungen über spezielle Themen und Forschungsbereiche dieser Wissenschaft.

Kelvin-Temperaturskala: Benannt nach Lord Kelvin (1824–1907). Er erfand die Skala, auf der die kälteste mögliche Temperatur per Definition 0° ist. Sie weist dieselbe Einteilung wie die Celsius-Skala auf. Auf der Kelvin-Skala liegt der Gefrierpunkt von Wasser bei 273,16° und der Siedepunkt von Wasser bei 373,16°.

Kernspaltung: Die Spaltung größerer Atome in zwei oder mehrere kleinere Atome. Tritt diese Spaltung bei Atomen auf, die jenseits des Eisens liegen, wird Energie freigesetzt. Es ist die Energiequelle aller heutigen Atomkraftwerke. Sie wird auch als »Atomkernspaltung« bezeichnet.

Kinetische Energie: Die Energie, die ein Körper kraft seiner Bewegung hat. Bei Körpern, die in Bewegung sind, spielt ihre Masse eine wesentliche Rolle. Wenn sich zum Beispiel ein massiverer Körper (etwa ein Lastwagen) mit der gleichen Geschwindigkeit wie ein weniger massiver Körper (etwa ein Dreirad) bewegt, hat der massivere Körper eine größere kinetische Energie.

Korona: Die dünne und leere äußere Schicht der Atmosphäre der Sonne, die Schätzungen zufolge eine Temperatur von mehreren Millionen Grad hat. Ihre Helligkeit ist erheblich schwächer als die sichtbare Oberfläche der Sonne, so daß sie nur mit speziellen Teleskopen, »Koronographen«, oder bei einer totalen Sonnenfinsternis gesehen werden kann.

Kosmische Strahlung: Schnell fliegende, geladene Elementarteilchen, die über eine enorme Energie verfügen. Sie durchdringen den ganzen Weltraum und verfügen über die Fähigkeit, genetische Mutationen auszulösen. Ihr Ursprung ist nach wie vor unbekannt.

Kugel(sphäre): Die einzige feste Form, bei der jeder Punkt auf ihrer Oberfläche die gleiche Entfernung von ihrer Mitte hat.

Kugelsternhaufen: Eine alte große, durch Schwerkraft zusammengehaltene Ansammlung von Sternen, die einen nahezu kugelförmigen Aufbau hat. In spiralförmigen Galaxien wie der Milchstraße sind Kugelsternhaufen vor allem im *Halo* zu finden. Sie kommen jedoch auch in elliptischen Galaxien vor.

Länge: Die Länge ist auf der Erde die Koordinate, mit der gemessen wird, wie weit Sie sich östlich oder westlich vom willkürlich definierten »Hauptmeridian« befinden, der von Norden nach Süden durch Greenwich, England, verläuft. Sie können bis zu 180 Grad östlich oder 180 Grad westlich von Greenwich gehen und damit den Bogen von 360 Grad um die Erde spannen.

Leuchtkraftklassen: Ein Klassifizierungsschema für die Größe und gesamte Leuchtkraft eines Sterns. In die Klasse I fallen Superriesen, in die Klasse III normale rote Riesen, und in die Klasse V fallen die Sterne, die noch nicht die Riesenphase erreicht haben und in ihrem Kern noch Wasserstoff in Helium umwandeln.

Logarithmische Skala: Eine Methode zur Aufzeichnung von Daten, bei der gewaltige Zahlenreihen auf einem Papier untergebracht werden können. In der Fachsprache steigt die logarithmische Skala exponential (z. B. 1, 10, 100, 1000, 10000) statt arithmetisch (z. B. 1, 2, 3, 4, 5).

Lokale Gruppe: Dieser nette Name wurde einer Gruppe von etwa zwanzig Galaxien in der unmittelbaren Nachbarschaft der Milchstraße (»Galaxis«) gegeben. Zur Lokalen Gruppe gehören die Magellansche Wolke und die Andromeda-Galaxie.

Magnetfeld: Geladene Teilchen, die in Bewegung sind, sind die einzigen Erzeuger von Magnetfeldern. Bei diesen Feldern handelt es sich um Regionen im Weltraum, die andere geladene Teilchen, die sich in diesem Bereich befinden, mit Kraft versorgen. Alle Magnete haben zwei Pole, die oft als Nord und Süd bezeichnet werden. Wenn Sie ein Magnetfeld mit imaginären Linien darstellen, beschreiben alle Linien einen vollständigen Kreis, der durch beide magnetische Pole geht.

Masse: Ein Maß für den materiellen Inhalt eines Körpers. Eine Lokomotive, die im Weltraum gewichtlos ist, hat zum Beispiel nicht weniger Masse als eine Lokomotive, die auf der Erde einhundert Tonnen wiegt. Zu beachten ist auch, daß die Masse nichts über die Größe aussagt. Ein Strandball ist groß, aber sicherlich nicht massiv. Ein Amboß ist massiv, aber sicherlich nicht groß.

Metonischer Zyklus: Der neunzehnjährige Zyklus, bei dem die Mondphasen immer wieder am gleichen Tag des Jahres auftreten. So werden die Mondphasen im Jahr 2001 zum Beispiel am gleichen Tag des Jahres wie die Mondphasen im Jahr 2020 auftreten.

Molekül: Eine chemische Verbindung von *Elementen*, die normalerweise von ihren Bestandteilen her sehr unterschiedliche Eigenschaften haben. In einer hinreichend hohen Dosierung sind Natrium und Chlor für Sie zum Beispiel tödlich. Zusammen, als das Molekül »Natriumchlorid«, werden sie jedoch zu einem gewöhnlichen Tafelsalz.

Molekülwolke: *Gaswolken*, die kalt genug für die Entstehung größerer *Moleküle* sind. Da diese Wolken in der Regel sehr dicht sind, sind sie der Ort, wo die Sternentstehung am ehesten angeregt wird.

Neutron: Ein Teilchen im Kern aller *Atome* (außer bei normalem Wasserstoff). Ein Neutron ist etwas massiver als das Proton und ohne elektrische Ladung.

Neutronenstern: Die winzigen Überreste (mit einem Durchmesser von weniger als dreißig Kilometern) des Kerns einer Supernova-Explosion. Er besteht ganz aus *Neutronen* und ist so dicht, als würde man zweitausend Ozeandampfer auf einem *Kubikzoll* Raum zusammenpferchen.

Nordlichter: Siehe *Aurora borealis*.

Offene Sternenhaufen: Siehe *galaktische Haufen*.

Parallaxe: Die Positionsveränderung eines Sterns oder eines anderen Körpers, die sich nur durch eine Verschiebung Ihres Blickwinkels zu ergeben scheint. Ihr hochgehaltener Daumen am Ende Ihres ausgestreckten Arms scheint beispielsweise auf einen anderen Punkt im Hintergrund zu zeigen, wenn Sie mit dem linken Auge darüber hinwegschauen, als wenn Sie mit dem rechten Auge schauen.

Perihel: Der sonnennächste Punkt, den ein Körper (Planet, Komet etc.) auf einer nicht kreisförmigen Umlaufbahn erreicht.

Periode: In der Regel die Zeit, die ein Körper für die

Vollendung seiner Umlaufbahn braucht. Die Periode der Erde beträgt ein Jahr.

Photon: Ein masseloses Lichtenergieteilchen. Seine Energie bestimmt das Spektrum, in dem es zu sehen ist. Energiereiche Photone sind Gammastrahlen; mittelmäßig energiereiche Photone sind sichtbares Licht; energiearme Photone sind Radiowellen.

Plasma: Ein extrem heißes Gas (wie ein normaler Stern), bei dem die meisten äußeren Elektronen der Gasatome entfernt wurden, so daß eine geladene Wolke übrigblieb, die auf Magnetfelder reagiert. Plasma wird gelegentlich auch als der »vierte Aggregatzustand« der Materie bezeichnet.

Polarstern: Auch als der Nordstern bekannt. Auf der *Himmelssphäre* ist er weniger als ein Grad vom exakten nördlichen Himmelspol entfernt, der direkt über dem Nordpol der Erde liegt. Er ist nicht besonders hell, jedoch einfach zu entdecken mit seinem Stand über dem Horizont im Norden, der Ihrem Breitengrad auf der Erde entspricht.

Potentielle Energie: Die Energie, die ein Körper aufgrund seiner chemischen Zusammensetzung oder seiner Lage im Raum hat. Trinitrotoluol (TNT) hat z.B. eine enorme chemische potentielle Energie, und Wasser, das sich auf der Höhe eines Wasserfalls befindet, hat eine enorme potentielle Gravitationsenergie.

Präzession: Die durch äußere Kräfte bewirkte Änderung der Richtung der Rotationsachse eines nicht sphärischen Körpers.

Primordial: Bezieht sich im allgemeinen auf die chemischen oder physikalischen Bedingungen, die vor der

Entstehung der Erde, der Sonne, der Galaxis, des Universums usw. bestanden.

Proton: Das positiv geladene Teilchen, das im *Kern* jedes Atoms zu finden ist. Die Zahl der Protone in einem *Kern* definiert die Identität eines Atoms. Das *Element*, das zum Beispiel ein Proton hat, ist Wasserstoff. Das Element, das zwei Protone hat, ist Helium. Das Element, das zweiundneunzig Protone hat, ist Uran.

Protuberanzen: Lange *Plasma*bänder oder -fäden, die von der Sonnenoberfläche hinausgeschleudert werden. Manche haben die vier- oder fünffache Länge des Erddurchmessers. Protuberanzen folgen den lokalen *Magnetfeld*linien, wie sie von der Sonnenoberfläche aufsteigen und wieder zurückfallen. Sie treten am häufigsten bei *Sonnenflecken*-Aktivitäten auf.

Quartär-Periode: Die geologische Zeit, die durch das Erscheinen und die Entwicklung der menschlichen Spezies charakterisiert ist. Sie schließt die Epochen des Pleistozäns und Holozäns mit ein.

Raumzeit: Die mathematische Kombination von Raum und Zeit, bei der die Zeit als eine Koordinate mit all den Rechten und Privilegien behandelt wird, die dem Raum zugestanden werden. Durch die Spezielle Relativitätstheorie wurde gezeigt, daß die Natur mit einem Raum-Zeit-Formalismus sehr präzise beschrieben werden kann. Verlangt wird nur, daß alle Ereignisse mit Raum- *und* Zeit-Koordinaten spezifiziert werden. Die Mathematik als solche kümmert sich nicht um den Unterschied.

Reflektor (Spiegelteleskop): Form von Teleskop, bei der in der Brennebene konkave Fangspiegel zum Sammeln von Licht genutzt werden. Es hat Ähnlichkeit mit der »Vergrößerungs-« Seite eines Kosmetikklappspiegels – mit dem Unterschied, daß der Teleskopspiegel um einiges teurer ist.

Refraktor: Form von Teleskop, bei dem in der Brennebene konvexe Linsen zum Sammeln von Licht genutzt werden.

Rektaszension: Die Projektion der *Längen*grade der Erde auf die Himmelssphäre. Die *Längen*grade helfen auch, die Zeitzonen auf der Erde zu bestimmen. Aus Sicht der Astronomen ist es von großem Vorteil, für die Rektaszension die *Zeit* statt Grade zu benutzen, da es dann eine einfache Rechnung ist, zu ermitteln, *wann* ein Stern oder irgendein anderer Körper während der Nacht und während des Jahres sichtbar ist. Die 360° um die Himmelssphäre werden somit in vierundzwanzig Stunden Rektaszension unterteilt.

Relativität: Allgemeiner Begriff zur Beschreibung von Einsteins *Spezieller Relativitätstheorie* und *Allgemeiner Relativitätstheorie.*

Relativitätstheorie, Allgemeine: Die 1915 von Albert Einstein eingeführte Allgemeine Relativitätstheorie stellt die natürliche Erweiterung der *Speziellen Relativität* auf den Bereich beschleunigender Körper dar. Es handelt sich dabei um eine moderne Gravitationstheorie, die erfolgreich viele experimentelle Ergebnisse erklärt, die mit Newtons Gravitationstheorie aus dem siebzehnten Jahrhundert nicht erklärbar waren. Die grundlegende Prämisse ist das »Prinzip der Äquivalenz von Trägheit und Schwere«, wonach zum Beispiel eine Person in einem Raumschiff nicht unterscheiden kann, ob das Raumschiff seine Geschwindigkeit durch den Weltraum beschleunigt oder ob es sich quasi stationär in einem Gravitationsfeld befindet, das eben dieselbe Beschleunigung erzeugt. Aus diesem einfachen, aber gleichwohl tiefreichenden Prinzip ergibt sich ein völlig revidiertes Verständnis der Gravitation als solcher. Einstein zufolge ist die Gravitation keine Kraft im eigentlichen, traditionellen Sinne des Wortes. Die Gravitation ist die Raumkrümmung in der Nachbarschaft einer Masse. Die Bewegung eines nahegelegenen Körpers wird ausschließlich durch seine Geschwindigkeit und das Ausmaß der gegebenen Krümmung bestimmt. Wie widersinnig dies auch klingen mag, es erklärt jedes bekannte Verhalten gravitativer Systeme, die je untersucht wurden, und vermag zahllose noch widersinnigere Phänomene vorherzusagen, die fortlaufend durch kontrollierte Versuchsreihen verifiziert werden. Einstein sagte zum Beispiel vorher, daß ein starkes Gravitationsfeld den Weltraum krümmen und daß das Licht in der Nachbarschaft merklich abgelenkt würde. Später konnte nachgewiesen werden, daß der Lichtstrahl eines Sterns, der am Sonnenrand vorbeiläuft (wie es bei einer totalen Sonnenfinsternis zu sehen ist), von seiner eigentlichen Position exakt in dem von Einstein vorhergesagten Maße abgelenkt wird. Das Herausragendste an der Allgemeinen Relativitätstheorie ist im Zweifel die Beschreibung unseres expandierenden Universums, in dem der ganze Raum durch die kollektive Gravitation von Hunderten von Milliarden Galaxien gekrümmt wird. Eine wichtige und derzeit noch nicht direkt bestätigte Vorhersage ist die Existenz von »Gravitationswellen«.

Es handelt sich dabei um Gravitationsteilchen, die abrupte Veränderungen in einem Gravitationsfeld melden, wie sie etwa bei einer Supernova-Explosion zu erwarten sind.

Relativitätstheorie, Spezielle: Eine 1905 von Albert Einstein aufgestellte Theorie, die ein neues Verständnis von Raum, Zeit und Bewegung liefert. Die Theorie basiert auf zwei »Relativitätsprinzipien«: 1. Daß die Lichtgeschwindigkeit (im Vakuum) für jeden Beobachter dieselbe ist, ganz gleich, wie sie gemessen wird; und 2. daß die Gesetze der Physik in jedem Bezugssystem, das ruht oder sich gleichförmig bewegt, dieselben sind. Diese Theorie wurde später in der *Allgemeinen Relativitätstheorie* dahingehend erweitert, daß auch beschleunigende Bezugssysteme einbezogen wurden. Die zwei von Einstein *angenommenen* Relativitätsprinzipien haben sich in jedem jemals durchgeführten Versuch als gültig erwiesen. Einstein erweiterte die Relativitätsprinzipien auf ihre logischen Schlußfolgerungen und stellte daraus eine Reihe ungewöhnlicher Thesen auf, zu denen auch folgende gehören:

- Daß es so etwas wie eine absolute Gleichzeitigkeit von Ereignissen nicht gibt. Was für einen Beobachter gleichzeitig geschieht, kann sich für einen zweiten Beobachter zeitlich getrennt abspielen.
- Je schneller Sie sich bewegen, desto langsamer vergeht Ihre Zeit relativ für jemanden, der Sie beobachtet.
- Je schneller Sie sich bewegen, desto mehr nehmen Sie an Masse zu, so daß die Triebwerke Ihres Raum-

schiffes Ihre Geschwindigkeit zunehmend weniger effektiv erhöhen können.

- Je schneller Sie sich bewegen, desto kürzer wird Ihr Raumschiff – alles wird in der Bewegungsrichtung kürzer.
- Bei der Lichtgeschwindigkeit hört die Zeit auf, Sie haben die Länge Null, und Ihre Masse ist unendlich. Nachdem Einstein die Absurdität dieses Grenzfalles bewußt geworden war, zog er das Fazit, daß man die Lichtgeschwindigkeit nicht erreichen kann.

In Versuchsreihen, die eigens zur Überprüfung von Einsteins Theorien durchgeführt wurden, wurden alle vorhergenannten Vorhersagen exakt verifiziert. Ein ausgezeichnetes Beispiel liefern Teilchen, die »Halbwertzeiten« haben. Nach einer vorhersehbaren Zeit wird davon ausgegangen, daß die Hälfte dieser Teilchen zu einem anderen Teilchen zerfällt. Wenn diese Teilchen mit Geschwindigkeiten nahe der Lichtgeschwindigkeit beschleunigt werden (in Teilchenbeschleunigern), erhöht sich die Halbwertzeit genau in dem von Einstein vorhergesagten Maße. Sie lassen sich schließlich auch schwerer beschleunigen, was gleichbedeutend damit ist, daß sich ihre tatsächliche Masse erhöht hat.

Revolution: Die Umlaufbewegung um einen anderen Körper. So wie die Erde sich zum Beispiel um die Sonne dreht. Die Revolution wird oft mit der *Rotation* verwechselt.

Rotation: Die Drehbewegung eines Körpers auf seiner eigenen Achse. Die Erde rotiert zum Beispiel alle 23 Stunden und 56 Minuten einmal um die eigene Achse.

Rotverschiebung: Die Verlängerung der gemessenen Wellenlängen des Lichtes, die dadurch verursacht wird, daß sich die Strahlungsquelle vom Beobachter fortbewegt. Da die Bewegung relativ ist, tritt diese Verschiebung auch auf, wenn sich der Beobachter von der Strahlungsquelle fortbewegt.

Der Begriff wird im allgemeinen zur Beschreibung der Rotverschiebung der Spektren bei fast allen Galaxien im Universum verwendet. Diese universale Rotverschiebung ist ein Indiz für unser expandierendes Universum.

Schmelze: Der Begriff wird in der Geologie oft für die Beschreibung von geschmolzenem Gestein verwendet. Allgemeiner wird damit jedoch jede dicke Flüssigkeit beschrieben, die normalerweise ein Festkörper ist.

Sonnenflecken: Kleine kreisförmige Regionen auf der Sonnenoberfläche, die etwas kälter als die umliegenden Gebiete sind. Durch diesen Temperaturkontrast erscheinen die Sonnenflecken dunkel gegenüber dem helleren Hintergrund. Sie bewegen sich mit der Sonnenoberfläche und meiden in der Regel die polaren und äquatorialen Regionen. Aufgrund ihrer Verbindung zum *Magnetfeld* der Sonne treten sie meist in paarweisen Gruppen auf. Sie kommen und gehen in »Wellen«, die den elfjährigen Sonnenaktivitätszyklus definieren. Der durchschnittliche Sonnenfleck ist zwei- oder dreimal größer als die Erde.

Spektraltyp: Eine der verschiedenen Buchstabenklassifikationen, mit denen die Temperatur eines Sterns angegeben wird. In der Reihenfolge von den heißesten bis zu den kühlsten Temperaturen lauten diese Klassifikationen: O, B, A, F, G, K, M. In der Geschichte wurden die Sterne ausschließlich nach Merkmalen in ihren Spektren klassifiziert. In der Reihenfolge des Alphabets wurden die Buchstaben Sternenklassen zugeordnet. Diese Methode erwies sich später jedoch als weniger hilfreich als ein Klassifizierungsschema auf der Grundlage der Temperatur. Viele stellare Klassen wurden schließlich fallengelassen und einige mit anderen zusammengelegt. Was geblieben ist, ist ein Sammelsurium in der Reihenfolge der Buchstaben, die einzig der Liebling der Gedächtniskünstler sind.

Spektrum: Das Aussehen von Licht, nachdem es in seine *Wellenlängen* aufgespalten wurde. Das menschliche Auge nimmt *Wellenlängen* als Farben wahr.

Staubwolke: *Gaswolken* im interstellaren Raum, die kalt genug sind, daß Atome sich zu größeren Molekülen zusammenfügen können. Wenn das mit Kohlenstoffatomen passiert, wird die Gaswolke oft als eine Staubwolke bezeichnet.

Sternbild: Die zufälligen Muster und Motive, die Sterne im Weltraum bilden, so wie wir sie von der Erde aus sehen. Die *Himmelssphäre* wurde ganz unterteilt, um das Vorhandensein von insgesamt achtundachtzig Sternbildern aufzuzeigen. Jedes Sternbild hat einen Namen, der in seltenen Fällen tatsächlich auch das Sternmotiv beschreibt.

Stoffwechsel: Die Gesamtrate des Energiebedarfs eines Lebewesens. Ein Tier mit einem hohen Stoffwechsel braucht wesentlich öfter Energie (Nahrung) als ein Tier mit einem geringen Stoffwechsel.

Stoßwelle: Eine konzentrierte, strömende Region

von Schallenergie, die entsteht, wenn ein Körper sich in einem Medium über Schallgeschwindigkeit bewegt. Bei einem Peitschenknall, dem Überschallknall eines Flugzeugs und einer Bombenexplosion haben wir es allesamt mit Stoßwellen zu tun.

Strahlung: Jede Form von Licht – sichtbares, Infrarotlicht, Radiowellen usw. In unserem Atomzeitalter wird darunter inzwischen jedoch jedes Teilchen oder jede Form von Licht verstanden, das bzw. die gesundheitsschädlich ist.

Südlichter: Siehe *Aurora australis*.

Teleskop (Gammastrahlen-, Röntgen-, Ultraviolett-, optisches oder **sichtbares Licht-, Infrarot-, Mikrowellen-, Radio-):** Astronomen haben für jeden Teil des *Spektrums* spezielle Teleskope und Detektoren entwikkelt. Einige Teile dieses Spektrums erreichen die Erdoberfläche nicht. Um Gammastrahlen, Röntgenstrahlen, ultraviolettes Licht und Infrarotlicht zu sehen, das von vielen kosmischen Körpern emittiert wird, müssen diese Teleskope über den absorbierenden Schichten der Erdatmosphäre in Umlaufbahnen gebracht werden. Die Teleskope sind zwar alle unterschiedlich konzipiert, gemeinsam sind ihnen aber dennoch drei grundlegende Prinzipien: 1. Sie sammeln Photone; 2. sie konzentrieren sich auf Photone; und 3. sie erfassen Photone mit einer Art Detektor.

Thermische Energie: Die in einem (festen, flüssigen oder gasförmigen) Körper aufgrund seiner atomaren oder molekularen Schwingungen enthaltene Energie. Die *kinetische Energie* dieser Schwingungen ist die offizielle Definition der Temperatur.

Thermonuklear: Jeder Prozeß, der bei hohen Temperaturen zum Verhalten des *Atomkerns* beiträgt.

Urknall: Die wissenschaftliche Bezeichnung für den Ursprung des Universums. Dahinter steht die grundlegende Prämisse, daß das Universum mit einer Explosion begann, die vor etwa zehn Milliarden Jahren den Raum und die Materie hervorbrachte. Das Universum dehnt sich heute noch immer infolge dieser Explosion aus.

Veränderliche Sterne: Sterne, die aus irgendeinem Grund ihre Leuchtkraft in nennenswertem Maße verändern. Manche Sterne schwanken episodisch in ihrer Leuchtkraft. Sie werden als kataklysmische Veränderliche bezeichnet. Einige Sterne schwanken auch in ihrer Leuchtkraft, weil sie eng mit einem anderen Stern zusammen im Umlauf sind, der periodisch ihr Licht blokkiert. Sie werden als Bedeckungsveränderliche bezeichnet. Andere Sterne schwanken von sich aus in ihrer Leuchtkraft. Sie werden als gewöhnliche veränderliche Sterne betrachtet.

Wega: Der siebthellste Stern am Himmel. Der hellste Stern im Sternbild Lyra (Leier). Die Wega ist einer von einer Handvoll Sternen, bei denen festgestellt wurde, daß sich »Trümmer« (möglicherweise Planeten oder Planetoiden) um sie herum im Umlauf befinden.

Wellenlänge: Die Entfernung zwischen wiederkehrenden Punkten eines Wellenzugs. Es ist ein sehr nützlicher Begriff, der bei Schall, Licht, LKWs in einem Konvoi, den Kräuselungen auf der Wasseroberfläche usw. angewendet wird.

Zeitzone: Eine der vierundzwanzig gleichen Unterteilungen der *Länge* der Erde, die alle genau eine Stunde auseinanderliegen. Aus Vereinfachungsgründen vor dem Hintergrund von Reisen und Handel wurde jeder Zone dieselbe Zeit zugeteilt. In der Praxis folgen die Zeitzonengrenzen in der Regel bundesstaatlichen und staatlichen Grenzen.

Zentrifugalkraft: Die nach außen ziehende Kraft, die ein Körper spürt, wenn er sich um einen anderen Körper oder eine Position dreht. Sie kann auch als die Kraft betrachtet werden, die das Bestreben erzeugt, nach der Tangente seiner Bewegungsrichtung »davonzufliegen«. Genaugenommen ist die Zentrifugalkraft keine Kraft im eigentlichen Sinne. Sie ist nur das bei einem sich drehenden Körper auftretende Bestreben, sich in einer geraden Linie zu bewegen – was er auch täte, wenn es keine Kraft wie die Zugkraft oder Gravitation gäbe, die dafür sorgt, daß er sich weiter dreht.

Zentripetalkraft: Die Kraft, die dafür sorgt, daß ein Körper sich um einen anderen Körper oder eine Position dreht. Die Gravitation der Sonne liefert zum Beispiel die Zentripetalkraft, die dafür sorgt, daß alle Planeten im Umlauf bleiben. Sie würden sonst in den interstellaren Raum davonfliegen.

Zur weiteren Lektüre empfohlen:

Zeitschriften

Wenn Sie sich für geheimnisvolle Erscheinungen, Eklipsen, Teleskope etc. begeistern können, testen Sie folgende Zeitschriften [die im übrigen sämtlich auch im deutschen Handel erhältlich sind]:

Sky and Telescope
Sky Publishing Company
49 Bay State Road
Cambridge, Mass. 02238/USA

Wenn Sie schöne Bilder von astronomischen Objekten und ein farbiges Layout lieben, versuchen Sie:

Astronomy
P. O. Box 92788
Milwaukee, Wisc., 53202/USA

Beide Zeitschriften, *Sky and Telescope* und *Astronomy*, erscheinen monatlich und haben neben Sternkarten einen umfangreichen Anzeigenteil über Teleskope, Nachrichten und Ereignisse sowie spezielle Werbeanzeigen zu bieten. Sie sind unverzichtbar für den Amateurastronomen.

Wenn Sie die Verschmelzung von Astronomie mit der Kunst und Literatur zu schätzen wissen und sich selbst als interessierten Laien betrachten und gerne mit Merlin kommunizieren möchten, probieren Sie:

Star Date
McDonald Observatory
University of Texas at Austin
Austin, Tex. 78712/USA

Star Date, das im zweimonatlichen Turnus erscheint, bietet Sternenkarten und einen Himmelskalender. Die Zeitschrift ist nicht nur eine abwechslungsreiche Lektüre, sie wird sich auch gut auf Ihrem Frühstückstisch machen.

Ein weiteres Monatsmagazin für den Laien ist:

Griffith Observer
2800 East Observatory Road
Los Angeles, Calif. 90027/USA

Zusätzlich zu den Sternenkarten und einem monatlichen Himmelskalender werden oft Artikel über Untergebiete der Astronomie gebracht, etwa die Astroarchäologie und die Geschichte der Astronomie.

Wenn Sie die Wissenschaft generell sehr ernst nehmen, gibt es keinen Ersatz für

Scientific American
die in Deutsch als
Spektrum der Wissenschaft

im Handel ist. Trotz allem, was seitens der Zeitschrift behauptet wird, sie ist keine Lektüre für den Laien.

Wenn Sie über neueste Entdeckungen und Entwicklungen in allen Bereichen der Wissenschaft informiert sein möchten, versuchen Sie:

Science News
1719 N Street, N. W.
Washington, D. C. 20036/USA

Ein im deutschen Handel angebotenes informatives Magazin für Astronomie- und Weltraumforschung ist des weiteren:

Star Observer

Bücher

Die ersten drei Minuten. Der Ursprung des Universums, Steven Weinberg, München 1994.

Die linke Hand der Schöpfung. Der Ursprung des Universums, J. D. Barrow und J. Silk, Heidelberg 1995.

Lesenswerte Darstellungen vom Ursprung des Universums mit detaillierten Beschreibungen.

Unser Kosmos. Eine Reise durch das Weltall, Carl Sagan, München 1982.

Das ABC der Relativitätstheorie, Bertrand Russell, Frankfurt 1995.

Time, Space, and Things, B. K. Ridley, New York 1986.

Sonne, Mond und Planeten, Erhard Keppler, München 1990.

Hundert Milliarden Sonnen, Rudolf Kippenhahn, München 1993.

Licht vom Rande der Welt, Rudolf Kippenhahn, München 1991.

Die Titel sprechen für sich.

Einstein for Beginners, J. Schwartz und M. McGuinness, New York 1979.

Hatte Einstein recht? Experimente mit Raumzeit und Gravitation, Clifford M. Will, Reinbek 1995.

Eine Formel verändert die Welt, Harald Fritzsch, München 1996.

Die verbogene Raum-Zeit, Harald Fritzsch, München 1996.
Wenn Sie nicht begreifen können, was Einstein gesagt hat, dann sind diese Bücher eine geeignete Beschreibung der Gravitation für Sie.

Build Your Own Telescope, R. Berry, New York 1985.
Astrophotography: A Step by Step Approach, R. T. Little, New York 1985.
Astrophotography for the Amateur, M. A. Covington, New York 1985.
Wenn Sie etwas »Praktisches« für die Astronomie suchen, sind diese Bücher das Richtige für Sie.

Norton's Star Atlas, P. Norton, Cambridge, Mass., 1978.
Whitney's Star Finder, C. Whitney, New York 1977.
Die zeitlosen Standardwerke, um Sterne am Nachthimmel zu suchen.

Galaxies, T. Ferris, San Francisco 1981.
Man Discovers Galaxies, R. Berendzen, R. Hart und D. Seely, New York 1984.
Das sind typische »Bilderbücher« über Merlins Lieblingsthema.

Die Nachtwandler, Arthur Koestler, Frankfurt a. M., o. J.
Eine vergnügliche Schilderung einiger berühmter Astronomen der Vergangenheit.
Newton's Philosophy of Nature, H. S. Thayer, New York 1974.
Ein Streifzug durch Newtons Schriften, wobei »das Beste…« für Sie herausgegriffen wurde. Enthalten sind einige Briefe Newtons sowie Auszüge aus *Principia* und *Optiks*.

The Solar System, R. Schmolochowski, New York 1983.
The Planets, Scientific American Books, San Francisco 1983.

Zwei umfassende Darstellungen von allen Mitgliedern des Sonnensystems.

Black Holes: The Edge of Space, The Edge of Time, W. Sullivan, New York 1979.

Black Holes, Quasars, and the Universe, H. L. Shipman, Boston 1980.

Geometry, Relativity, and the Fourth Dimension, R. Rucker, New York 1977.

Ernste wissenschaftliche, aber lesbare Abhandlungen über die Exotika der Astronomie.

The Search for Extraterrestrial Intelligence, NASA, Washington, D.C., 1977.

Intelligent Life in the Universe, Carl Sagan und I. S. Shklowskii, San Francisco 1966.

Behandelt werden die Fragen, wie außerirdisches Leben aussehen könnte und wie danach gesucht werden kann.

Register

Neil de Grasse Tyson
Merlins Reise zur Erde

Neue Fragen und Antworten zum Universum.
Aus dem Amerikanischen von Anni Pott. 313 Seiten. Geb.

Jeder Blick zum Himmel wirft unendlich viele Fragen auf. Die besten Antworten darauf gibt Herr Merlin, der Außerirdische vom Planeten Omniscia. Der exzellente Astrophysiker Neil de Grasse Tyson verbindet harte Wissenschaft mit Phantasie und Witz. Die Anzahl möglicher Fragen zum Universum und zu allem, was dazu gehört, ist unendlich. Deshalb hat sich Herr Merlin, der Außerirdische, entschlossen, erneut seinen Planeten Omniscia zu verlassen und zur Erde zu reisen. Geduldig gibt er, der Allwissende, Antworten auf alle unsere Fragen. Zum Beispiel: Wie groß ist die Chance, daß ein Mensch mehr als einmal im Leben mit demselben Luft-Molekül in Berührung kommt? Welche Folgen hätte es für uns Erdbewohner, wenn Aliens den Mond sprengen würden? Wieviele Galaxien können wir mit bloßem Auge sehen? Warum ist der Nordpol wärmer als der Südpol? Was passiert, wenn wir versuchen, die Lichtgeschwindigkeit zu erreichen? Bei seinen klugen, überzeugenden und witzigen Antworten kann Merlin auch wieder seine berühmten Freunde als Autoritäten ins Spiel bringen, seien es Archimedes, Galilei, Newton oder Einstein.

SERIE PIPER

Ernst Peter Fischer

Aristoteles & Co.

Eine kleine Geschichte der Wissenschaft in Porträts von der Antike bis ins 19. Jahrhundert. 235 Seiten mit 12 Abbildungen. SP 2326

Wir kennen ihre Taten, denn sie haben die Welt verändert. Doch wer die Menschen waren, die Bahnbrechendes in Physik und Chemie, Philosophie und Biologie herausfanden, wie sie lebten, was sie im Privaten dachten, bleibt der Öffentlichkeit meist verborgen. Ernst Peter Fischer behebt diesen Mangel, indem er die Lebenslinien der »stillen Stars« nachgezeichnet. Von Aristoteles über Albertus Magnus, Nicolaus Copernikus, Francis Bacon, Galileo Galilei, René Descartes, Isaac Newton bis zu Michael Faraday und Charles Darwin werden in diesem Band dreizehn faszinierende Persönlichkeiten aus dem Schatten ihrer Leistung ans Licht geholt.

Einstein & Co.

Eine kleine Geschichte der Wissenschaft der letzten hundert Jahre in Porträts. 230 Seiten mit 13 Abbildungen. SP 2491

Wissenschaft wird zwar von Menschen gemacht, aber aus unerfindlichen Gründen weiß kaum jemand wirklich über sie Bescheid. Wir scheinen uns nicht besonders für die menschlichen, privaten Seiten der großen Naturwissenschaftler zu interessieren. Dabei kann man soviel aus ihrem Leben lernen – und Überraschungern erleben und Spaß haben! Nach »Aristoteles & Co.« folgt hier der zweite Band mit den Porträts dreizehn großer Forscher der Moderne. Von James Clerk Maxwell, dem viktorianischen Genie, über die großen Physiker Hermann von Helmholtz und Ludwig Boltzmann und die herausragenden Frauen – Lise Meitner und die Nobelpreisträgerinnen Marie Curie und Barbara McClintock – bis zu den Giganten der modernen Physik: Albert Einstein und Niels Bohr. Ebenso sind die Großen der jüngsten Vergangenheit vertreten: Linus Pauling, John von Neumann, Max Delbrück und Richard P. Feynman.

Rudolf Kippenhahn

Atom

Forschung zwischen Faszination und Schrecken. 359 Seiten. SP 2563

Kaum ein physikalischer Begriff ist emotional so besetzt wie »Atom«. Während die einen damit Katastrophen wie Hiroshima, Harrisburg oder Tschernobyl assoziieren, sehen andere in der Beherrschung der Kernfusion die Lösung unserer Energieprobleme, denken an medizinische Therapien oder die geologische Altersbestimmung. Kenntnisreich und kurzweilig spannt Kippenhahn den Bogen von den antiken Atomtheorien Leukipps und Aristoteles' über Otto Hahn bis zur Neutronenbombe. Auch wenn er die faszinierenden Möglichkeiten der Radioaktivität beschreibt, behält er die Gefahren radioaktiver Strahlung und mangelnder Beherrschung der Kerntechnik im Auge. Ein Buch, das zur Pflichtlektüre werden sollte.

»Dieses Buch ist die ideale Lektüre für die, die ihr Wissen auf informative und gleichzeitig unterhaltende Weise erweitern möchten.«

Stuttgarter Zeitung

Hundert Milliarden Sonnen

Geburt, Leben und Tod der Sterne. 283 Seiten mit 6 Farbtafeln und 91 Abbildungen und Tabellen. SP 343

Wie lange können wir noch von der Sonne leben? Wie sind die Sterne enstanden, und wie enden sie? Was sind Pulsare und Röntgensterne, was ist eine Supernova und was ein Schwarzes Loch? Der Astrophysiker Rudolf Kippenhahn berichtet aus seinem eigenen Forschungsgebiet. Er schildert überaus lebendig und anschaulich, was wir heute über den langen Lebenslauf eines Sterns wissen, insbesondere, wie sich Sterne verändern, wenn sie ihren Energievorrat erschöpfen.

»So wünscht sich der anspruchsvolle Laie eine Tour d'horizon durch die moderne Astrophysik: wissenschaftlich fundiert, aktuell, authentisch, spannend, humorvoll, unterhaltsam ...«

Spektrum der Wissenschaft